课堂中的Scratch

陶红梅　刘　欣　编

U0231669

科学普及出版社
·北　京·

图书在版编目（CIP）数据

课堂中 Scratch / 陶红梅，刘欣编 . — 北京：科学普及出版社，2018.5

ISBN 978-7-110-09789-2

Ⅰ.①课… Ⅱ.①陶… ②刘… Ⅲ.①程序设计—青少年读物 Ⅳ.① TP311.1-49

中国版本图书馆 CIP 数据核字 (2018) 第 045611 号

策划编辑	郑洪炜
责任编辑	李 洁 陈 璐
装帧设计	中文天地
责任校对	杨京华
责任印制	马宇晨

出　　版	科学普及出版社
发　　行	中国科学技术出版社发行部
地　　址	北京市海淀区中关村南大街16号
邮　　编	100081
发行电话	010-62173865
投稿电话	010-63581070
网　　址	http://www.cspbooks.com.cn

开　　本	787mm×1092mm　1/16
字　　数	110千字
印　　张	7
印　　数	1—5000册
版　　次	2018年5月第1版
印　　次	2018年5月第1次印刷
印　　刷	北京盛通印刷股份有限公司
书　　号	ISBN 978-7-110-09789-2 / TP・231
定　　价	38.00元

（凡购买本社图书，如有缺页、倒页、脱页者，本社发行部负责调换）

前言

　　Scratch 是麻省理工学院（MIT）研发的面向青少年的图形化界面编程工具。《课堂中的 Scratch》以学生和教师熟悉的学校、教室为场景，选取课堂点名、答题倒计时器等实际问题为案例，结合动画、音乐、游戏化等趣味体验体系化地讲解了 Scratch 编程的核心知识。本书共设计了 15 个活动，内容涵盖了 Scratch 编程入门学习的全部主要模块和知识点。除作为编程练习外，每节课的案例可直接作为课堂活动中的辅助软件使用。全部课程在科技学堂（www.sciclass.cn）都有配套的讲解视频。

　　《课堂中的 Scratch》是中国青少年科技辅导员协会组织编写的工程技术类青少年科技活动实用案例集中的一个主题。成立于 1981 年的中国青少年科技辅导员协会，长期以来致力于加强科技辅导员队伍建设，开展线上线下的培训活动，提高科技辅导员的专业素养，为科技辅导员开展青少年科技教育活动提供资源服务。为贯彻落实《全民科学素质行动计划纲要（2006—2010—2020）》，中国青少年科技辅导员协会根据科技教育活动的新发展，以及广大科技辅导员开展青少年科技教育活动的需求，组织编写了突出信息技术特色的工程技术类科技活动系列案例集。该系列案例集根据不同主题介绍与活动内容相关的背景知识、教材资料、活动组织流程、活动实施的方法（技巧）、器材工具、评估方法等。中小学科技教师、校外科技场所的科技辅导员、科普志愿者可以参考使用，设计和组织开展青少年科技活动；青少年也可以根据教材内容，自主开展相关活动。

　　本系列教材的出版得到中国科协科普部 2017 年科技辅导员继续教育项目的支持，在此表示感谢。

中国青少年科技辅导员协会

2018 年 3 月

Scratch 能做什么

Scratch 是一款操作简单的编程软件，通过它，你不需要学习复杂的语法，只要将模块按一定的逻辑拼接组合，就能高效地创作出作品（图 1.1）。

图 1.1

程序的效果展示区域

首先，介绍一下这款软件的操作界面。打开 Scratch 软件，出现如图 1.2 所示的界面。先来看左上方这部分区域，我们课程中要创作的教辅工具，以及对工具的操作，都会在这里体现，这个区域称为舞台区。

点击舞台区右上角的绿旗，可以在舞台区展示程序的运行效果；单击绿旗旁边的红色按钮，可以让程序运行结束。

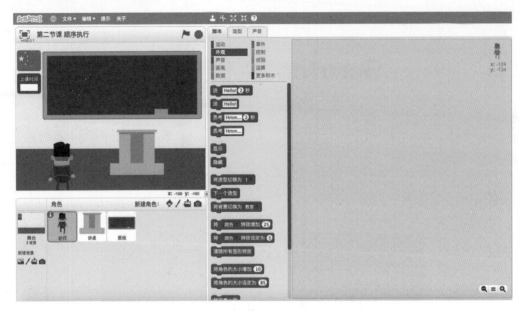

图 1.2

针对不同角色编写程序

1. 角色列表区展示

左下角称为角色列表区，我们创作教辅工具时所需要的素材都会陈列在这个区域。每个素材图片称为一个角色。角色可以用四种方式导入，具体方法可以看新建角色的菜单栏。"老师""讲桌""黑板"这几个角色是从本地文件中上传的。

2. 舞台背景

舞台上不止包含上述这几个角色，它还有一个整体的大背景，在角色列表区左侧，属于背景区域，这个背景是怎样导入进去的？和导入角色的方式一样，背景也有四种导入方法，这里就不一一列举了。

3. 角色列表选中角色

在角色列表区，你随意点击一个角色时，这个角色外层会出现蓝色的框框，这表明角色已被选中，如果现在编辑程序，那么所写的程序就是在控制这个角色。

脚本编辑区

我们看图 1.2 右侧这部分区域，在这个区域，可以为刚刚选中的角色编写程序，为"脚本编辑区"。该怎样为角色添加代码呢？

积木式编程

Scratch 作为一款图形化编程工具，我们只需将编辑区左侧不同颜色选项卡下不同图形的模块拖到这个区域，拼接在一起，就相当于给角色添加代码了。当然，代码要通过一定的逻辑拼接，才能实现相应的效果。我们随意拖动几个模块拼接在一起体验一下。上面凹陷下面凸起的模块可以上下拼接在一起，在正方形的输入框内，我们可以填写数字、字母等；包含椭圆形输入框的模块，我们可以将椭圆形的模块嵌入在里面，如图 1.3；小绿旗形状的模块只能置于代码首位，如图 1.4；这种半包围结构的模块里面可以拼接很多模块；这个模块包含了一个六边形部分，我们可以找到侦测模块下的六边形模块，置于这个位置，如图 1.5。模块大致有这几种，如果在操作时需要删除，可以再拖回指令模块区，或单击右键进行删除。在接下来的创作中，我们会对模块的概念，以及怎样通过逻辑拼接达到我们想要的效果进行详细讲解。

图 1.3

图 1.4

图 1.5

二、项目欣赏

在着手创作之前，我们先来欣赏两个 Scratch 创作出的作品吧！

1. 作品一

在这个项目中，玩家需要用上下左右键控制战斗机的方向，用空格键控制子弹发射的时间，根据消灭敌军之后的得分和玩家的生命值判断输赢（图 1.6）。呈现在舞台上的所有效果，都是通过给不同角色添加代码来实现的。

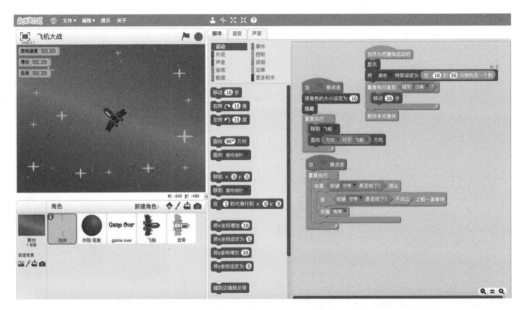

图 1.6

2. 作品二

再来看这个作品（图 1.7），这是一个关于端午节赛龙舟的故事，情节的设计完全来源于生活，是不是很酷？实际上，不管是动画、音乐，还是故事，只要你能想到的创意，Scratch 都能帮你实现！

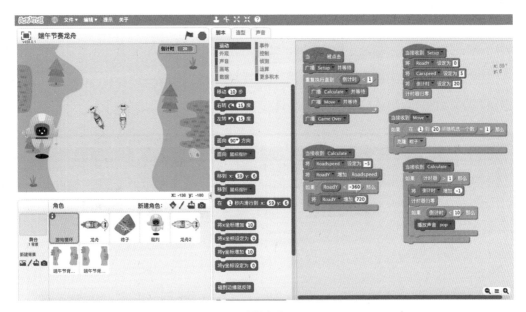

图 1.7

Scratch 是什么?

Scratch

Scratch 是由麻省理工学院 (MIT) 终生幼儿园小组 (Lifelong Kindergarten Group) 设计开发的一款面向少年的简易编程工具。

软件构成程序的命令和参数以不同形状的程序积木模块来实现。使用者不需要有编程基础,也不用操作键盘,可以直接用鼠标拖拽不同形状的程序积木模块,通过一定逻辑的堆叠搭建实现程序的编写。

现在,Scratch 已经翻译成 40 种以上的语言,在超过 150 个国家和地区使用。你可以登录 https://scratch.mit.edu. 加入 Scratch 社区,与其他各个国家和地区的孩子们一起共享 Scratch 的乐趣。

如何下载离线版 scratch：

第一步：打官方网站：https://scratch.mit.edu. 如图 1.8 所示。

第二步：将页面拉到最下方，选择离线编辑器，如果当前页面是英文状态，可以在下方的语言选项框里选中"简体中文"。

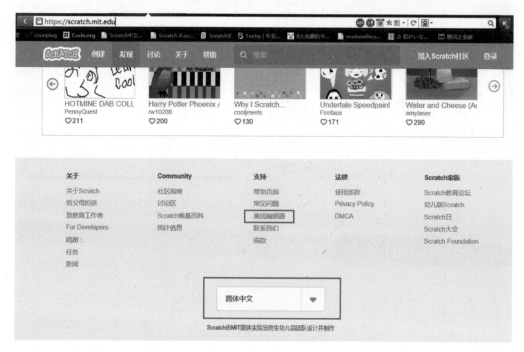

图 1.8

第三步：进入 Scratch 2 Offline Editor 界面（图 1.9），首先看 Adobe Air 这个区域，确定自己电脑的系统，针对不同系统下载安装 Scratch 的运行环境 Adobe Air（如：windows 系统，选择第三个 download）。

第四步：安装完成 Adobe Air 之后，在 Scratch Offline Editor（离线编辑器）这个区域，找到针对自己电脑系统的下载方式。

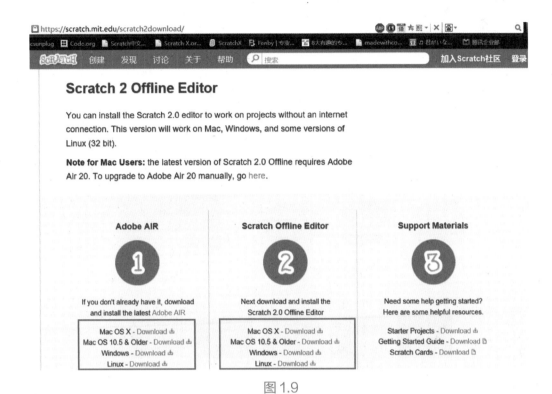

图 1.9

第五步：安装完成之后，界面会出现一只猫的界面。离线版 Scratch 就下载完成了（图 1.10）。双击打开软件，就可以进行创作了。

图 1.10

另外：如果操作系统为 XP，则无法安装，可使用在线版本。

怎样注册在线版 Scratch：

进入麻省理工学院的网站 scratch.mit.edu. 点击 join scratch 加入 Scratch 社区（图 1.11）；

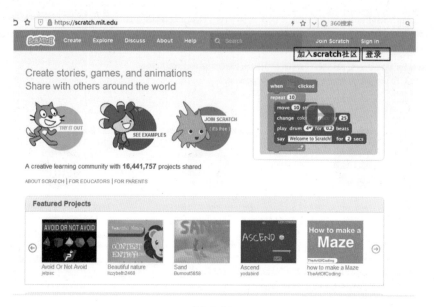

图 1.11

在出现的对话框中创建一个用户名，设置好密码，将用户名和密码记在笔记本上，以防忘记（图 1.12）；

图 1.12

点"下一个"按钮，继续填写出生年月、性别、国籍、电子邮件；如图
1.13，图 1.14 所示。

图 1.13

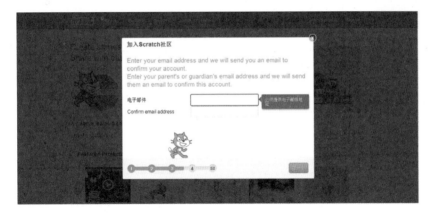

图 1.14

加入 Scratch 社区成功，点"OK，我们开始吧！"（图 1.15，图 1.16）

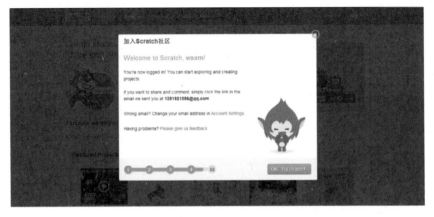

图 1.15

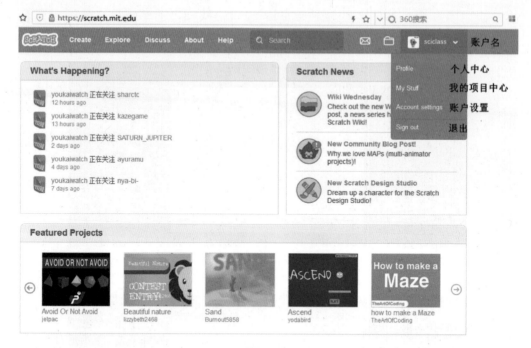

图 1.16

小贴士

　　同学们可以点击 http://www.sciclass.cn/scratch 注册并登录科技学堂官方网站，学习《课堂中的 Scratch》全套在线慕课视频，并下载相关课堂资料与完整程序。

顺序执行

一、课程简介

在上一章节内容中我们了解了 Scratch 的界面布局和基本功能，本章节我们利用 Scratch 学习几个简单的计算思维概念。

二、知识点学习

我们今天的主讲老师要从教室门口走到讲台前面（图 2.1）。你知道如何使用 Scratch 编辑程序，让老师顺利地走到讲台前吗？

图 2.1

顺序执行

我们选中"老师"角色，给"老师"角色编写代码。

首先，确定角色要移动的方向。

从"动作"选项卡选出"面向 90 度方向"模块，根据 Scratch 里面对方向的定义，我们点击下拉三角，选择"面向 0 度方向"（图 2.2）。

图 2.2

接下来让角色开始移动。

将"移动 10 步"模块拼接到"面向 0 度方向"下面，点击模块，角色就可以在舞台上动起来了（图 2.3）。

图 2.3

想—想

为什么连续添加了几个"移动 10 步"模块，可老师看起来却只移动了一次呢？

这是因为，计算机的程序执行速度非常快，我们视觉上捕捉不到角色每一次的移动状态，但我们可以通过添加另一个模块解决这个问题。

在"控制"选项卡里找到"等待 1 秒"的模块，放到每个移动模块之间。再运行一遍，这时程序执行的时候，就是我们想象中的效果了。

图2.4

我们来观察一下上面的代码（图2.4）。就像用积木搭建房屋，一个一个模块嵌套在一起，计算机根据模块的顺序执行我们想要的最终效果。这就是计算思维中的顺序执行。每一个模块代表一条计算机指令。一条一条指令组合在一起就是最终实现的程序。

角色位置初始化

将角色拖到一个起点位置，点击"动作"选项卡，找到标明 x、y 坐标的模块，分别更改 x、y 的数值，得到的坐标就是角色处于舞台的当前位置（图2.5）。

移到 x: -124 y: -134

图2.5

将模块拖到代码的首位。这一步称为将角色位置初始化。现在，不管我把角色拖动到哪个位置，只要运行程序，它都会从初始的位置开始移动。

13

向右旋转 ↻ 90 度

图2.6

如果想要让老师走到讲台前，就需要向右旋转90度（图2.6）。我们拖出"向右旋转15度"模块，在白色输入框内输入90。补充后面的程序，运行一遍。好，现在老师可以顺利走到讲台啦！（图2.7）

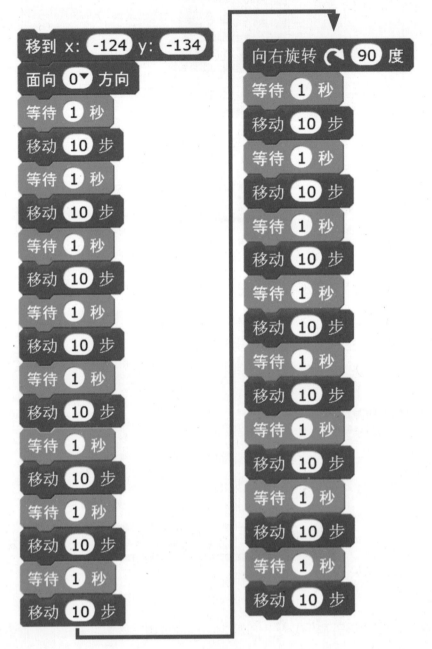

图2.7

触发程序执行

　　每段程序，都应该有一个触发执行的开关，选择事件选项卡，找到"当小绿旗被点击"模块（图2.8），拖到代码的首位，我们只要点击舞台右上角的小绿旗，就可以启动程序了。

图2.8

想一想

　　虽然程序运行视觉上达到了我们想要的效果，但代码相当繁琐，有什么办法可以简化这段代码吗？

重复执行及条件语句

一、课程简介

上节课我们学习了如何让角色在舞台上规律地移动，但代码显得相当繁琐。本节课我们先让程序变简洁，之后对程序加以改进，使角色具有互动的功能。

二、知识点学习

稍加观察，就会发现上节内容中的程序模块中用了太多重复的指令（图3.1），下面让我们来找出程序中哪部分指令是重复的，并数数这些指令重复了多少次。

图 3.1

有限执行

打开"控制"选项卡，找到"重复执行 10 次"的模块（图 3.2）。它的功能就是把它内部的模块循环执行 10 次。

图3.2

无限循环执行

既然有了"重复执行 10 次"这种有限次数的循环模块，对应的还有不限次数的"重复执行"模块（图 3.3），和上面的模块比，去掉了次数，表示它会不停地执行下去。

图3.3

条件语句

接下来我们学习一个新的模块"如果，那么"（图 3.4）。"如果下雪了，那么就要穿上厚实的棉衣"。当一定的条件满足时，大家就会做出相应的选择。Scratch 程序也是同样的道理，如果条件满足，就会运行条件模块内部的指令。

图3.4

 三、案例应用——控制角色行走

运用刚刚学习的知识，来设计一个全新的项目。打开项目可以看到舞台上有四张桌子，每张桌子上摆放了一个作业本，如图3.5所示。同学们注意，老师来收作业啦！

图3.5

选中"老师"的角色，拖出"移动10步"模块，外面套上重复执行（图3.6），老师，行动起来吧！为了防止他走出我们的视线，加上一个"碰到边缘就反弹"模块，运行一遍。

图3.6

现在改进程序，使老师呈现左右腿交替行走的动画效果。

点击"造型"选项卡，里面包含了老师的不同造型。当我们快速在造型间切换，舞台上的角色便会出现动画效果。找到"如果，那么"模块，并在侦测选项卡里面找到"按键……是否按下"模块，结合起来，如果按上移键，老师面向 0 度，向上移动。按下移键，面向 180 度，向下移动。以此类推，并写出操控角色左右移动的代码（图3.7）。

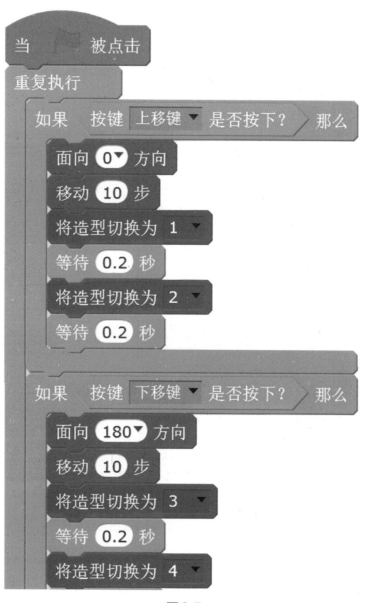

图3.7

等待 0.2 秒

如果 按键 左移键 ▼ 是否按下？ 那么

面向 -90 ▼ 方向

移动 10 步

将造型切换为 5 ▼

等待 0.2 秒

将造型切换为 6 ▼

等待 0.2 秒

如果 按键 右移键 ▼ 是否按下？ 那么

面向 90 ▼ 方向

移动 10 步

将造型切换为 5 ▼

等待 0.2 秒

将造型切换为 6 ▼

等待 0.2 秒

续图 3.7

　　为了呈现出作业本被收走的效果，点击作业本角色，让作业本碰到老师后就隐藏（图3.8）。现在，指挥老师，去每一个课桌前面收作业吧！

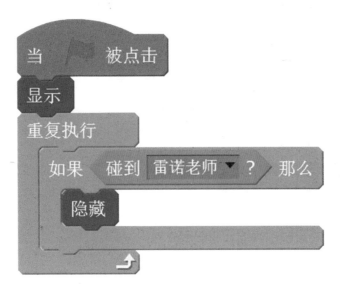

图3.8

消息传递

一、课程简介

上节课学习了使用按键控制角色进行人机交互的方法。本节课我们将学习实现角色间的相互交流。

二、知识点学习

今天，机器人小助手突然兴致大发，对老师说："老师，我给你唱一首我最拿手的歌吧！"

想一想，如何实现让机器人小助手唱歌呢？（图4.1）

图4.1

广播消息

点击“事件”选项卡，找到“广播消息 1”模块，这个模块可以发出一条消息（图 4.2）。

广播
消息1

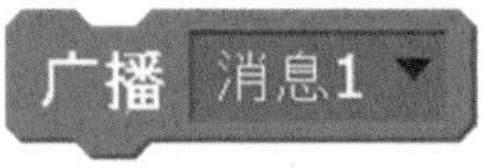

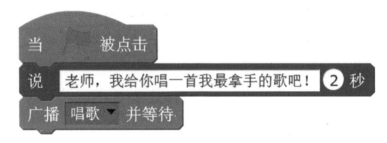

图4.2

我们选中“机器人小助手”角色，找到外观选项卡里的“说……”模块，填入机器人小助手所说的内容；再拖入“广播消息”模块，建立一条新消息，命名为“唱歌”（图 4.3）。这条消息就会发送给所有角色。

当 被点击
说 老师，我给你唱一首我最拿手的歌吧！ 2 秒
广播 唱歌 并等待

图4.3

接收消息

那么如何让老师准备好欣赏音乐呢?

点击“老师”角色，拖入事件选项卡中的“当接收到……”模块，这个模块接收到对应的消息后，就会执行相应的指令。

下面，让老师接收到“唱歌”的消息，之后将造型切换为造型 2。记得在点击绿旗时，将老师造型初始化为造型 1（图 4.4）。

当 被点击
将造型切换为 1
当接收到 唱歌
将造型切换为 2

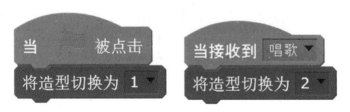

图4.4

接下来，机器人小助手准备唱他最拿手的歌了。选中机器人小助手角色，拖出"音乐"选项卡中的"播放声音直到完毕"模块，声音就选择"歌曲"（图4.5）。我们再运行一遍。

图4.5

你觉得机器人小助手唱得怎么样呢？我们来听一听老师听到歌声之后内心的感受。在机器人小助手唱到第6秒的时候，老师想"饶了我吧……"，但为了鼓励机器人小助手，还是要强颜欢笑，到第10秒的时候，心里就想"快点结束吧……"那么，该如何表现老师的心理变化呢？

选中"老师"，拖出"等待1秒"模块，改变里面的参数，选择"外观"选项卡里的"思考……秒"模块，填入老师思考的内容（图4.6），并将造型切换到造型3，同时继续添加其他体现内心感受的代码。

图4.6

你还可以让机器人小助手自己也接收到消息，并利用造型切换的模块，添加机器人小助手唱歌时的表情变化。再运行一遍！如图 4.7 所示。

图4.7

广播消息并等待

想一想

"事件"选项卡里面的"广播消息并等待"模块和"广播消息"模块有什么区别？当你将"广播消息"模块替换成"广播消息并等待"时发现，老师接收到"唱歌"这条消息后，接着运行了下面连接的所有指令，并在运行完所有指令后，机器人小助手才开始唱歌。这是为什么呢？

区别就在于多了"等待"这个词语，"广播消息"模块表示角色广播完一条之后，继续执行下面的脚本，而不管广播出的消息有没有被接收（图 4.8）。

图4.8

"广播消息并等待"意味着,它会等待"接收消息"模块下的所有指令执行
完再继续执行(图4.9)。所以舞台上会出现两种截然不同的效果。

图4.9

三、案例应用——老师变身魔术师

打开项目，舞台灯光炫酷。老师要为大家表演魔术，看，他已经迫不及待了呢！
（图 4.10）

图 4.10

伴着灯光，老师自信满满地登上了演出舞台。选中"老师"角色，将他最初
所在的位置初始化，然后拖动他到演出舞台的中间，确定他移动后的坐标。拖出
"在 1 秒内滑行到 *x*、*y* 坐标"的模块（图 4.11）。我们来运行一遍！

图 4.11

准备完毕，当音乐响起，变身魔术就要开始啦！添加"广播消息"模块，让
老师发出"音乐"的消息（图 4.12）。

当 ▢ 被点击
移到 x: -190 y: -135
在 1 秒内滑行到 x: 12 y: -52
广播 音乐 ▼

图 4.12

点击舞台背景，拖入"当接收到消息"和"播放音乐直到完毕"模块，开始播放音乐！（图 4.13）

当接收到 音乐 ▼
播放声音 dance chill out ▼ 直到播放完毕

图 4.13

切换到老师角色，音乐响起的同时，老师开始每隔 1 秒换一套服装。

现在写出这部分代码。拖入"下一个造型""等待一秒"模块，外面套上"重复执行 10 次"的有限循环模块（图 4.14）。整体运行一遍，哇，太精彩了！

变身结束，拖入"广播消息"（图 4.15），使老师广播"表演结束"。我们再次切换到舞台背景，当接收到"结束"消息时，顿时台下响起雷鸣般的掌声。添加"播放声音"模块，声音选择"cheer"（图 4.16），程序就完成啦。

图 4.14

广播 表演结束 ▼

图 4.15

当接收到 表演结束 ▼
播放声音 cheer ▼

图 4.16

计分器

一、课程简介

　　新的学期开始啦，班级里要开始新一轮的班干部选举了。今天，我们将学习变量的知识，制作一个投票计分器，帮助同学们完成选举。

二、知识点学习

　　先来认识一个新的模块——"变量"。

　　其实生活中处处都可以见到变量，例如，当我们说起"天气"的时候，有晴天、阴天、雨天、雪天等，天气会在这几种状态间不断变化。它就是一种最常见的变量。

变量的特性——存储

　　变量最重要的特性就是存储数据了，实践一下，我们在数据选项卡中"新建变量"，命名为"同学A的状态"，这样我们就建立了一个名为"同学A的状态"的变量，舞台上也出现了一个"同学A的状态"的小窗口，用来显示当前变量里面的内容，我们把"将同学A的状态设定为0"拖到脚本区，改变输入框里面的数据，运行一下，我们会发现变量里面的数据可以随时被改动并储存，但如果不去改变它，不赋予它一个改变的指令，它就会一直储存这个数据！（图5.1）

图5.1

29

变量的特性——参与运算

变量中如果存入的数据是数值的话，变量还可以作为数字参与运算呢，就像数学课上学过的方程 *x*+*y*=10 一样。其中的 *x*、*y* 和我们这里存储数值的变量是一样的哦，只不过数学课上的变量我们要求出来，计算思维中的变量是我们设定好的。例如：新建数学成绩和语文成绩两个变量。现在计算总成绩，数学设定为 100，语文设定为 95，相加一下，总得分 195 分（图 5.2）。

图 5.2

三、案例应用——竞选计分器

班会开始啦，请同学们在支持的选手下面点击他的头像。最后统计总票数，谁的票数高，谁就是新一任的班长啦，让我们拭目以待吧！

在角色"同学 A 票数"上建立变量"同学 A 总票数"，在角色"同学 B 票数"上建立变量"同学 B 总票数"，做一个初始化，在点击小绿旗后，都设定为 0 票。设定各自的起始坐标，大小都设定为 100（图 5.3）。

图 5.3

选中同学 A 角色，打开"事件"选项卡，找到"当角色被点击"模块，拖动到脚本区，表示当同学 A 被鼠标点击后，要执行的命令，让他广播一条"同学 A 得票"的消息，再加上一条音效（图5.4），当有同学想选同学 A 当班长时，点击同学 A 的角色就好啦。

当角色被点击时
广播 同学A得票 ▼
播放声音 流行音乐

图5.4

同理，给同学 B 角色也加上相同的代码，注意哦，这里的消息要换成"同学 B 得票"（图5.5）。

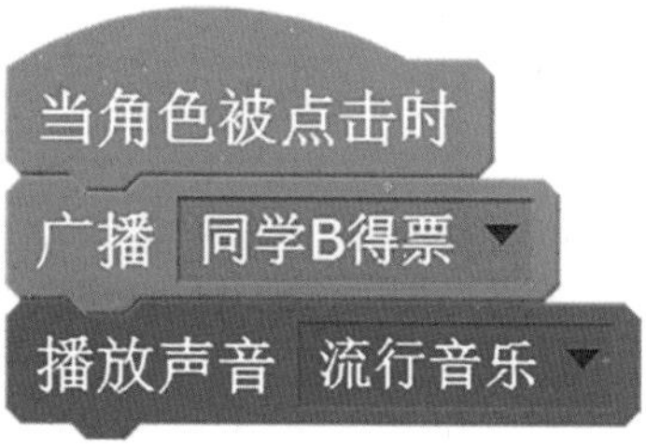

当角色被点击时
广播 同学B得票 ▼
播放声音 流行音乐 ▼

图5.5

在"同学 A 票数"和"同学 B 票数"这两个角色上，分别添加接收同学 A 得票和同学 B 得票消息后要执行的命令（图5.6），在这里我们把变量增加 1 放在这里。注意消息发送者、消息内容和消息接收者三者之间要协调好，要注意哪一个角色需要接收这个消息，如图5.7，图5.8所示。

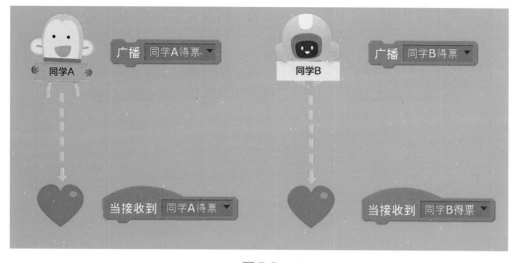

图5.6

31

当接收到 同学A得票 ▼

将 同学A总票数 ▼ 增加 1

图5.7

当接收到 同学B得票 ▼

将 同学B总票数 ▼ 增加 1

图5.8

现在体验一下程序运行后，每点击一次同学 A 角色，同学 A 的票数就会 +1，每点击一次同学 B 角色，他的票数就会 +1。不错，现在我们可以投票计数啦。

等等，现在我们的程序只是数字上有变换，看起来太单调了，我们运用原来的知识给这个程序加上一些效果，当角色票数接收到消息后，让他每接收一票就向上增长。这样画面上就会有一个直观的感受。在原来变量增加的模块下面增加一个图章，将角色的大小和颜色变换一下。y 坐标向上增加，如图 5.9，图 5.10 所示。这样，就有了更直观的感受啦!

当接收到 同学A得票 ▼

将 同学A总票数 ▼ 增加 1

图章

将角色的大小增加 5

将 颜色 ▼ 特效增加 25

将y坐标增加 10

图5.9

当接收到 同学B得票 ▼

将 同学B总票数 ▼ 增加 1

图章

将角色的大小增加 5

将 颜色 ▼ 特效增加 25

将y坐标增加 10

图5.10

音　乐

一、课程简介

今天要学习运用代码弹奏一首音乐！下面开始今天的课程吧！

二、知识点学习

设定乐器、弹奏音符

打开项目文件，点击"声音"选项卡，在这里，Scratch 提供了一系列关于弹奏音乐的模块。

拖出"设定乐器"模块，日常我们所接触到的乐器在这里应有尽有哦！任意选择一个乐器，比如"钢琴"，让它发出声音，拖出"弹奏音符……拍"和它结合在一起。改变节拍里面的数值（图 6.1），运行几遍，你会发现"拍"前面的数值越大，声音听起来越慢；数值越小，声音听起来越快。你可以换一种乐器再试一下。

图 6.1

链表

想想看，弹奏一个音符就需要一个模块，那么一首音乐可能包含了数十甚至上百个音符，也就需要同样多的模块。这么繁琐，那要怎样才能变得简单呢？

为了存储这些音符，我们需要一个能够大量存储数据的工具——链表。

点击"数据"选项卡，新建一个链表，命名为"音乐"（图6.2）。这时，链表就显示在了舞台中，上面是链表的名称，左下角有一个加号，我们单击加号按钮，可以在链表中添加新的数据，拖动右下角改变链表显示框的大小。

图6.2

链表相当于给里面的内容都排了一个号码，只要在链表中找到号码，就相当于找到了里面的内容。稍后，你会用到其中的"第……项于"这个模块（图6.3）。

第 1▾ 项于 音乐 ▾

图6.3

三、案例应用——弹奏《虫儿飞》

我们打开项目可以看到，音乐老师自信满满地坐在钢琴旁，今天他要教大家弹奏的曲目是《虫儿飞》。

将设定乐器的模块拖到编辑区，乐器选择钢琴，并添加节奏，设定为96bpm。按照屏幕上给出的节拍对应表制作一下（图6.4）。点击小绿旗运行一遍，老师开始弹奏美妙的音乐——《虫儿飞》。

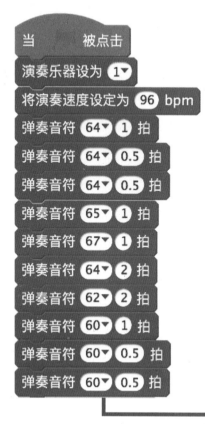

图 6.4

想一想

这里用的模块太多了，能不能用循环让代码简单一些呢。我们过去学过，循环里面放置的是重复的模块，可是在这首歌中，每个模块是不一样的，该怎么办呢？

我们可以用今天新学的链表来解决这个问题。

新建两个链表，分别命名为"音符""节拍"。在两个链表中输入与乐谱对应的音符和节拍，注意音符和节拍要——对应，不然，弹奏的时候就会跑调哦。

怎样让音符和节拍对应起来弹奏呢？我们拖出"第……项于"模块，将这个模块对应放到"弹奏音符……拍"模块中，这样就可以轻松地将音符和节拍链表的各项联系在了一起。当我把"第……项于"中的数值改动，就会弹奏链表里面

对应的项。对应音符和节拍的链表，写出一部分代码，再添加代码的同时，请观察一下"第……项于"中的数值变化，发现了什么规律？我们运行一遍，从链表的第1项，运行到了第5项（图6.5）。

图6.5

如果要运行完链表中的26项，就要将里面的数值修改26次。这并没有达到简化的效果，反而复杂了许多，看来链表不应该这样用。

如果用一个变化的量来储存这些规律变化的数值，程序就会变得非常简单明了。说到这里，我们立刻会联想到变量。我们新建变量，命名为"编号"，并将"编号"初始化为0。拖出"将编号增加1"模块，并套上循环，因为要运算1加到26，所以循环26次。我们将这个变量拖入"第……项于"中，最后把"弹奏音符……拍"拖入循环模块里面，就可以用简洁的代码来实现弹奏音乐的效果了（图6.6）。居然可以改进得如此简单！我们再运行一遍。

图6.6

最后再添加一个老师弹钢琴时切换造型的效果（图 6.7）。看，老师已经完全沉浸在音乐中，不能自拔了……

图 6.7

正确的点名方式

一、课程简介

　　老师通常会遇到下面这种令他困惑的问题。由于上课的氛围活跃，每到互动环节，同学们都争相举手发言，看着大家渴望回答问题的眼神，老师都不知道选谁回答好了，他犯了选择困难症，今天让我们学习新的内容来帮他解决这个问题吧！

二、知识点学习

随机数

　　我们来学习一个新的模块帮助老师做出选择。选中"老师"角色，打开"运算符"选项卡，拖出"随机选一个数"的模块。在这两个输入框里输入一个数字区间，比如 1 至 35，分别代表班里同学的学号。运行一下，就会发现，每次点击，模块就会在这个区间内随机选出一个数值。

　　继续拖出"重复执行……次"和"说……2 秒"模块，并将这几个模块组合在一起（图 7.1），运行几遍。怎么样，是不是每次的结果都不一样呢？

图 7.1

三、案例应用——点名机

老师终于找到了解决办法！他决定利用刚刚学习的随机数研制一台点名机，让它来决定谁来回答问题。

选中学号角色，让我们运用刚刚学过的随机模块，在输入框里填入数字范围，如 1 和 22（图 7.2），点名机的基本功能就实现啦！

在 **1** 到 **22** 间随机选一个数

图 7.2

为了给同学们增加一点紧张的小气氛，我们来做一点小小的变化。

点击学号角色，切换到"造型"选项卡，看，里面包含了"1 到 22"的数字造型。拖出重复执行模块，并添加条件，如果按下空格键，学号就会在 22 个造型间随机变化（图 7.3）。现在，在点名机显示最终的结果前，数字都会呈现滚动的动画效果。

现在同学们是不是很紧张呢？下一个随机点到的同学会是谁呢？

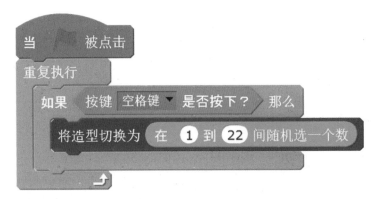

图 7.3

可是如果班级同学男生女生的数量不平均怎么办呢？如果班里大部分都是女生，那么女生被随机出来的概率肯定大于男生。为了公平起见，我们可以把男生和女生分成两组，用不同的按键，控制学号造型的随机选取（图 7.4）。

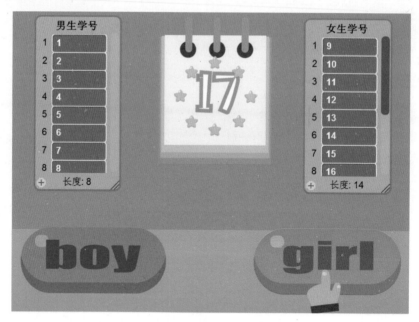

图 7.4

　　要实现这个功能，就需要把男生和女生的学号分别储存在不同的地方。上节课我们用链表，对应了音符和节拍。同样的道理，可以用两个链表分别储存男生、女生的学号。我们建立两个链表，分别把男生、女生的学号录进去。修改一下前面的程序，把空格键去掉，换成 A 键控制男生链表各项的随机，D 键控制女生链表各项的随机，我们填入随机的数值范围，男生学号从链表的第 1 项到第 8 项，女生学号从第 1 项到第 14 项。最后，将随机出来的链表的各项和它对应的造型结合起来（图 7.5）。

图 7.5

下面来操作演示一遍。当一直按住 A 键，造型会在男生链表所包含的学号间随机切换，按下 D 键，造型则会在女生链表所包含的学号间进行切换了。现在，老师只需要考虑是让男生回答，还是女生回答，其他的就交给程序来搞定吧！

为了让点名更有趣，我们再为点名机增加一点音乐和视觉效果。

点击"声音"选项卡，拖出播放声音模块，使按键 A、按键 D 被按下的时候，添加播放声音的功能，同时，让 Boy 和 Girl 两个按键角色显示（图 7.6），并对应呈现出被按下去的视觉效果（图 7.7，图 7.8）。

图 7.6

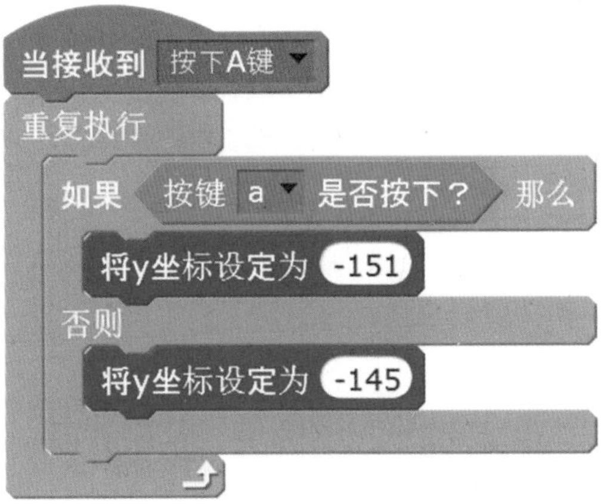

图 7.7

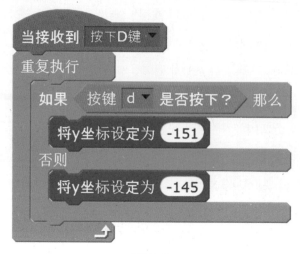

图 7.8

最后切换到"老师"角色，让老师接收到消息后，手指点击 Boy 或 Girl 角色（图 7.9），这里也不要忘记初始化哦！我们最后再运行一遍，现在程序看起来更加生动了！

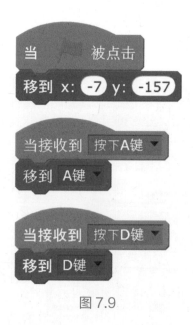

图 7.9

倒计时器

一、课程简介

不知不觉，我们的学习已经过了三分之一，老师打算对同学们的知识掌握情况，做一个大体了解。

二、知识点学习

文字输入

喂！喂！老师在问你的名字呢！没错，就是坐在计算机前面的你。打开项目，选中"老师"角色，点击"侦测"选项卡，拖出"询问并等待"模块，填入"你叫什么名字？"（图8.1）。舞台上出现一个对话框，在这里输入自己的名字，点击右侧的对勾图标，试验一下。

图 8.1

诶？输入框消失了，我的回答也不见了！怎么办？

别着急，拖出"回答"模块（图8.2），点击运行，就会发现原来答案被储存在了这里。在输入框中输入其他的名字试一下，就会发现它会储存你最新输入的数据。

那么，如果我们做一个倒计时工具，就用它代替我们输入啦！

图 8.2

连接字符

咳咳，专注一点，老师提了一个问题："你知道计算机中是怎样计算加减乘除的吗？"要怎么回答呢？

点击运算符选项卡，拖出"连接……"模块，将"回答"模块，拖入到连接模块的第一个输入框里，再将老师提出的问题"你知道计算机中是怎样计算加减乘除的吗？"填入第二个输入框里，拖入"说……"模块（图8.3），结合起来运行一遍，哇！名字和老师的问话连在了一起。这样，我可以组合出任意语句呢！

```
询问  你叫什么名字？  并等待

说  连接  回答  你知道计算机中是怎样计算加减乘除的吗？  2 秒
```

图 8.3

逻辑运算符

下面，我们来回答老师提出的问题，点击运算符选项卡，拖出运算"加、减、乘、除"四个模块，依次填入数值（图8.4），运行一下，就是这么简单！计算机可以瞬间计算出我们需要花费大量时间才能得出结果的运算题，而且它计算出的结果会非常精确。

```
135  +  654

655  -  6432

877  *  554
                                    3.2421774539219888
7564  /  2333
```

图 8.4

三、案例应用——倒计时器

今天呢，老师要进行一个小测验，谁能完成得又快又准确呢？老师使用了他的终极武器——倒计时器。

选中"倒计时器"角色，它是由分钟和秒两部分组成。由于这两个时间要不断变化，所以我们需要建立两个变量"分钟"和"秒"来记录这两个变化的数值。首先将两个变量初始化（图8.5）。

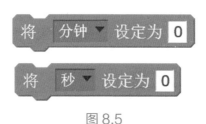

图 8.5

如果时间可以根据我们的需要来随时修改就好了。

这就用到我们上面讲的知识。打开侦测选项卡，拖出两个"询问并等待"模块，分别输入一句倒计时器指示我们输入分钟和秒的话语。这时，在舞台输入框里面输入的数字便储存在了"回答"模块里面。拖出两个回答模块，分别与设定变量"分钟"和"秒"的初始值的模块相结合（图8.6），现在，就能够根据需求设定初始时间啦。

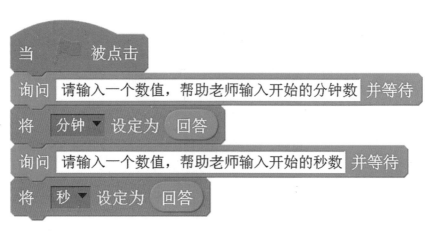

图 8.6

拖出"广播消息"模块，让倒计时器广播一条消息，要开始倒计时了（图 8.7）。老师接收到消息后，说"大家抓紧时间，倒计时开始！"，并发出"计时开始"的消息（图 8.8）。

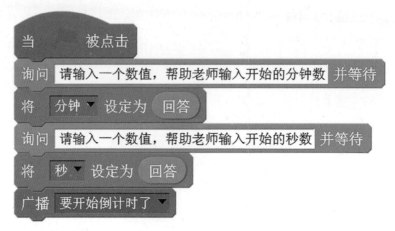

图 8.7

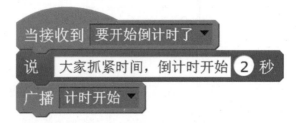

图 8.8

我们选中"学生"角色，接收到消息后，用造型切换的模块，写出他抓紧时间答题情景的代码（图 8.9）。现在让我们运行一遍。

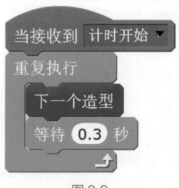

图 8.9

　　同样，倒计时器接收到"计时开始"的消息后，开始倒计时，我们写出这部分代码。由于倒计时器从秒开始倒计时，所以我们要以秒为单位，来设计这个程序。首先，将我们所输入的时间换算成"秒"，也就是让分钟数乘以 60 再加上原有的秒数。建立变量"总秒数"，接着拖入运算模块，结合起来写出计算时间总秒数的代码，我们让时间每过一秒，让总秒数减 1，套上重复执行模块（图 8.10），运行一遍。

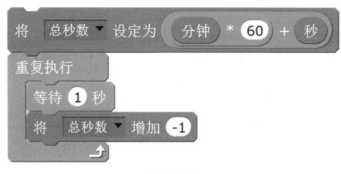

图 8.10

　　诶？舞台上呈现出了以秒为单位开始倒计时的效果！但老师设计的倒计时器，是可以直观看到分和秒的实时变化呀！

　　不要着急，刚刚我们把分和秒换算成了总秒数，现在需要反过来，将总秒数实时分配给分钟和秒这两个变量。如果按照数学上的运算方式，我们只需用总秒数除以 60，得到的商即为分钟，而秒就是运算所得的余数。这个结果，在 Scratch 里面怎样体现呢？

　　我们拖出运算符里面的"平方根"模块，找到"向下取整"这一选项（图 8.11），它的作用就是可以将一个小数点后面的数去掉，返回整数本身。输入两个小数，来运行一遍。

图 8.11

　　运用这个模块，结合除法运算符，我们将变量"分钟"进行设定（图8.12）。

47

将 分钟▼ 设定为 向下取整 总秒数 / 60

图 8.12

继续找到"……除以……的余数"的模块（图 8.13），在这个模块，输入两个数值，运行之后可以得到两个数值相除所得的余数。利用它，我们可以将变量"秒"进行设定。

将 秒▼ 设定为 总秒数 除以 60 的余数

图 8.13

将分钟和秒两个变量模块拖入重复执行内部（图 8.14），运行一遍吧！时间每减少一秒，这两个变量值显示器里面的数值就会发生相应的改变。

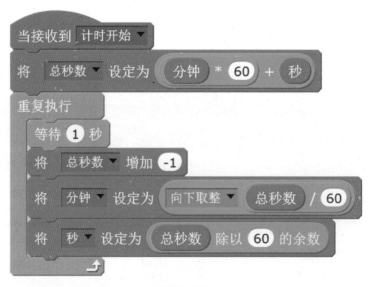

图 8.14

我们在这里加一个条件语句，当总秒数等于 0 的时候，就停止计时。注意条件语句的放置顺序，千万不要放在总秒数 –1 的下面（图 8.15），为什么？自己试一下看看效果有什么不同。倒计时器制作好了，运行一遍吧！

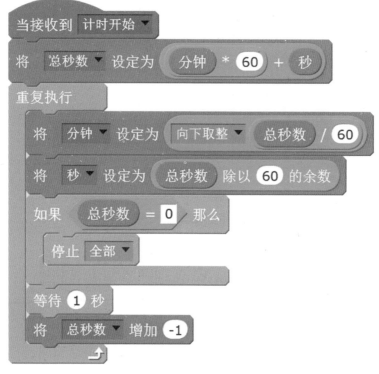

图 8.15

如果数字太小，看不清怎么办？好，我们再来改进一下程序。让分钟和秒角色显示在舞台上。选中"分钟"这个角色，把变量"分钟"拖入造型切换的模块里面，套上重复执行模块（图 8.16），让角色接收到"倒计时开始"的消息后，造型随着变化的数值而切换。同样，在"秒"角色上也写上代码（图 8.17）。这样总该完美了吧？我们运行一遍。诶？不对呀，造型显示的数值总是比变量的值小"1"，我们切换到造型选项卡，观察一下造型的编号，原来是编号比数值造型大"1"，所以我们需要让变量加"1"，才能保证造型和编号——对应！

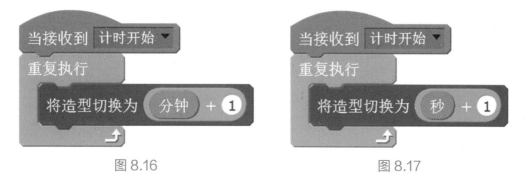

图 8.16   图 8.17

最后，在开始倒计时和倒计时结束后，添加一个令人紧张的声音特效（图 8.18，图 8.19）。最后再运行一遍吧！

图 8.18

图 8.19

"叮零"，时间到。你的倒计时器做好了吗？

动画制作

一、课程简介

今天我们要讲一节语文课，课文内容是一则童话故事。为了更好地领悟故事的深刻寓意，光读课文肯定不行。所以，我们决定用舞台剧来开展这堂课。该怎么做呢？让我们开始今天的学习吧！

二、知识点学习

之前的课程中，我们已经学习了关于消息传递的模块，本节课我们利用它来协调各角色间的通信。

这篇故事已经编排成了舞台剧的剧本，对剧本稍加分析，就会发现，旁白的台词控制着剧情的展开（图9.1）。

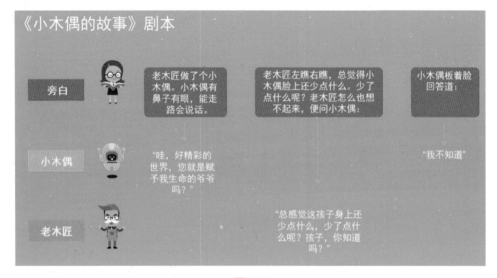

图9.1

所以旁白角色需要说完台词之后通过广播消息，来协调角色之间的互动。各角色随时待命，接收到相应的消息后开始表演（图9.2）。

图 9.2

广播消息的模块有"广播消息"和"广播消息并等待"这两种。这里我们该用哪一种呢？

"广播消息"模块，表示广播完一条消息后，立刻执行下面连接的脚本，如果选择利用这个模块，很可能其他角色接收到消息后，还没等连接的指令全部运行完，旁白就已经控制到另一个角色的表演了。所以用这个模块控制舞台剧剧情展开的话，剧情会变得混乱（图9.3）。

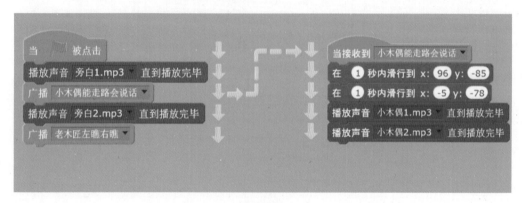

图 9.3

如果换用"广播消息并等待"模块呢？旁白广播消息之后会等待接收到消息的角色运行完连接的全部指令，旁白才会继续推进剧情。所以使用"广播消息并等待"这个模块才是正确的选择（图9.4）。

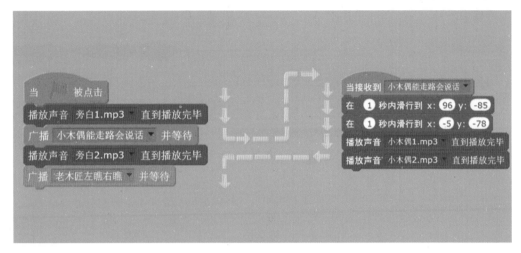

图9.4

三、案例应用——小·木偶的故事

打开项目，舞台剧开始，我们点击背景，添加点击绿旗子时切换到场景1的代码（图9.5）。

图9.5

选中"旁白"角色，再选中"事件"选项卡，拖出"当背景切换到"模块，选择场景1。我们切换到"声音"选项卡，这里有三个按钮，三角形是播放键，正方形是停止键，圆形是录音键（图9.6）。

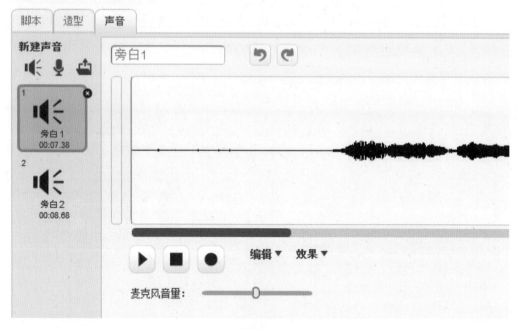

图 9.6

删掉原有的录音，新建"录制新声音"文件，点击录制，开始录制第一段旁白，完成之后，切换到脚本区，添加这个声音，并添加并行程序，拖出"说……"模块，使旁白声音在播放的同时，将这句话显示在舞台上，运行一遍。

声音播放的时间和舞台上展示文字的时间不一致，这该怎么办？我们切换到声音选项卡，看，每一段录音下面都标注了时间，将这个时间填入到"秒"前面的输入框，再运行一遍。好，非常匹配！根据剧本，小木偶率先登场，拖出"广播消息并等待"模块，新建"小木偶能走路会说话"的消息（图 9.7）。

图 9.7

我们看看小木偶表演得怎么样吧！选中"小木偶"角色，将它的位置和造型进行初始化。接收到消息后，添加滑行到某坐标的模块，并录制小木偶第一次看到这个世界说的话，添加"播放声音"的模块，选择录制的声音，同样添加并行程序，使说的内容显示在舞台上（图9.8）。我们来运行一遍。互动开始啦！

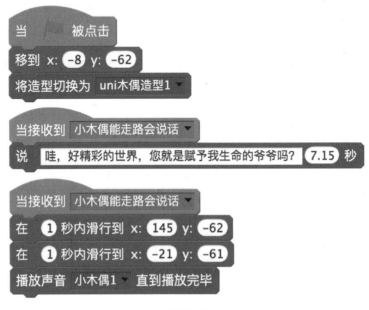

图 9.8

小木偶完成表演后，进行第二次旁白（图9.9）。要使录制的声音和舞台上显示的内容同步，同样需要一个并行程序。我们让小木偶表演完成后发出一条消息，广播"旁白2"，旁白角色接收到消息后，拖出"说……"模块，输入说的内容，就可以保证声音和内容一致了（图9.10）。

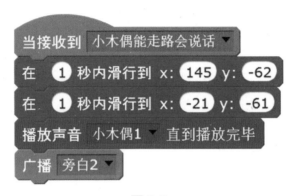

图 9.9

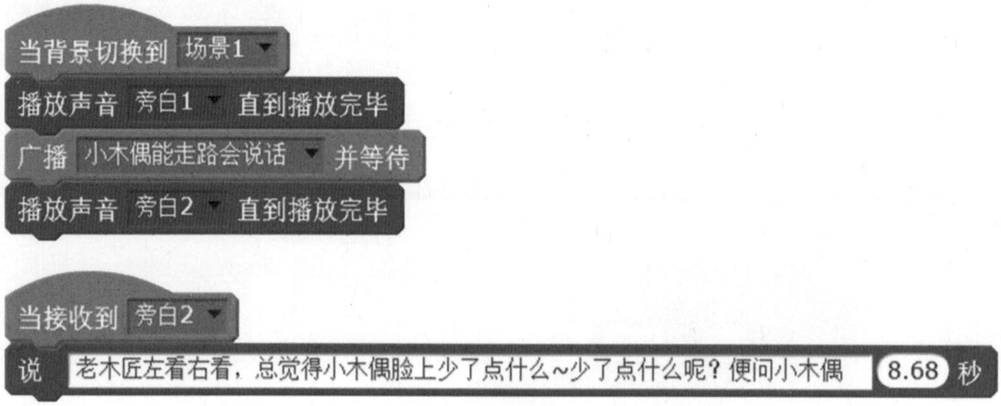

当背景切换到 场景1 ▼
播放声音 旁白1 ▼ 直到播放完毕
广播 小木偶能走路会说话 ▼ 并等待
播放声音 旁白2 ▼ 直到播放完毕

当接收到 旁白2 ▼
说 老木匠左看右看，总觉得小木偶脸上少了点什么~少了点什么呢？便问小木偶 8.68 秒

图 9.10

根据剧本的内容编排，我们成功完成了第一场舞台剧的完整代码。

通过这种形式来理解故事，相信你的思考会更加的深入！消息传递模块的使用你学会了吗？

自动抽题机器人

 **一、课程简介**

下周，学校将举办一场"智慧课堂"的活动，要求每位老师设计一个带动课堂气氛的活动方案，老师接到通知后，立刻想到：不如做一个代替我提问题的机器人吧？让它能够随机抽取题目，输入答案之后还能代替我检查。想想就好激动呢！

二、知识点学习

条件语句

我们可以利用之前学过的随机数写出随机抽题的程序。现在还需要解决的是如何自动判断答案是否正确的问题。在第 3 课"重复执行及条件语句"，我们学习了"如果……那么"模块，实际上，还有一个跟它长得相近的模块也具有同样的功能。

点击控制选项卡，拖出"如果……那么……否则"模块，多了否则这一判断，程序可以在当一定的条件满足时，做出相应的选择，如果条件不满足，就会执行"否则"下面包含的指令（图 10.1）。

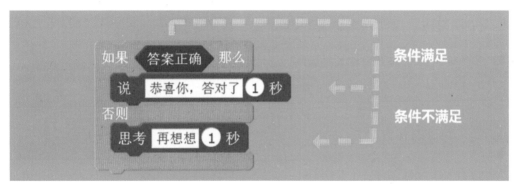

图 10.1

我们用这个模块改造一下程序（图10.2），运行一遍！

图10.2

变量特性——标志位

在第 3 课时，老师换装时与换装结束，可以理解为他处于两种状态。这次我们运用变量作为标志位的特性，重新设计老师换装的程序。

打开数据选项卡，新建变量，命名为"状态"，假设变量只能在 1 和 0 间切换，代表"换装时"与"换装结束"两种状态。我们这样使用变量的时候就是利用了它的"标志位"的特性。在程序里加上一个条件，当"状态"等于 1 时，让造型开始切换，当切换到第 8 个造型时，将状态设定为 0，这时，老师就自动停止了换装。这就是变量作为标志位的应用（图10.3）。

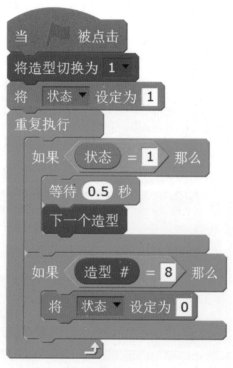

图10.3

三、案例应用——自动抽题机器人

打开项目，选中"题库"角色，老师选出了 6 道题目并给出了答案，首先要将它们储存到舞台上的题库里面。点击数据选项卡，新建链表"题目"和"答案"，将题目和对应的答案分别输入到链表中（图 10.4）。

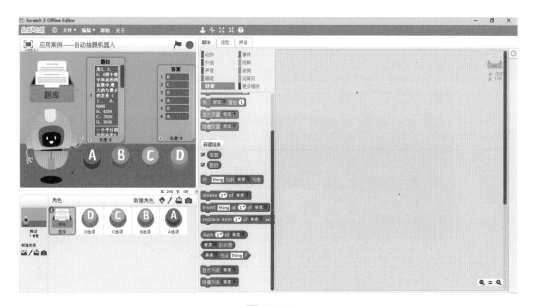

图 10.4

拖出随机模块，改变数字区间，将它与"链表的第多少项"模块结合，让题库每隔 5 秒，随机抽取并说出一个题目，套上重复执行一定次数的模块，次数输入6，让它可以随机运行 6 次，运行一遍。自动抽题的功能就设计好了（图 10.5）。

图 10.5

我们可以让机器人自动判断答案的正确与否吗？

让 A、B、C、D 四个角色显示在舞台上。如果学生的选择是正确的，点击 A 选项会发出悦耳的音效，并说"恭喜你，答对啦"。

怎样让选项、答案和题目——对应起来？

由于链表中的题目和答案序号需要对应，我们需要记录每一次随机出的题目序号。继续在题库角色中添加代码，新建变量"编号"，将随机模块拖入到"将编号设定为"模块中，再将"编号"拖入"题目的……项"模块中（图 10.6），结合起来，运行一遍。

图 10.6

从编号的显示器中，我们看到随机出来的是题目链表的第 4 项，对应"答案"链表，这个题目的选项为 A。所以现在点击 A 选项，会得到"恭喜你，答对啦！"的反馈。现在，我们给选项 A 添加代码。

选中角色 A，找到"当角色被点击"和"如果……那么……"模块，添加条件"编号 =4"，并拖入音效和说模块，输入相应的反馈（图 10.7）。我们运行一遍。

图 10.7

嗯？没有反应，如果随机出的题目，答案不是A，同样，有一个错误的提示就好了。我们改进一下程序吧，将"如果……那么……"模块替换为"如果……那么……否则"模块，再把说"再想想"的模块放在否则的结构里面（图10.8)，再运行一遍吧！

图10.8

等等，题库中不止一个题目的答案是A，所以仅仅让编号等于4是不够的。我们在条件语句里加入所有A项的序号，这样就完美啦！将这些代码拖入B、C、D角色中，进行相应的修改（图10.9）。我们运行一遍吧！

图10.9

这道题选A？不对，选B？也不对……如果四个选项能被随意选择，会不会影响学生思考的主动性？继续改进一下，我们来设计一个限制，每道题目只能做出一次选择，选择之后将会进入下一题。

选中题库角色，新建变量"标志"，首先将标志设定为0，并将模块拖入重

复执行里面，让题目在标志为 0 的状态下可以随机切换。

选中 A 角色，我们将标志设定为 1，连接到条件语句的下面，保证在我们点击选项以后切换运行状态。继续选中"题库"角色，点击控制选项卡，拖出"在某条件达成之前一直等待"的模块，我们将这个模块拖入到"重复执行"里面，并添加条件"标志 =1"，让题库在我们点击选项之前一直等待着选项被点击，点击之后才能进入下一题（图 10.10，图 10.11）。运行一遍。

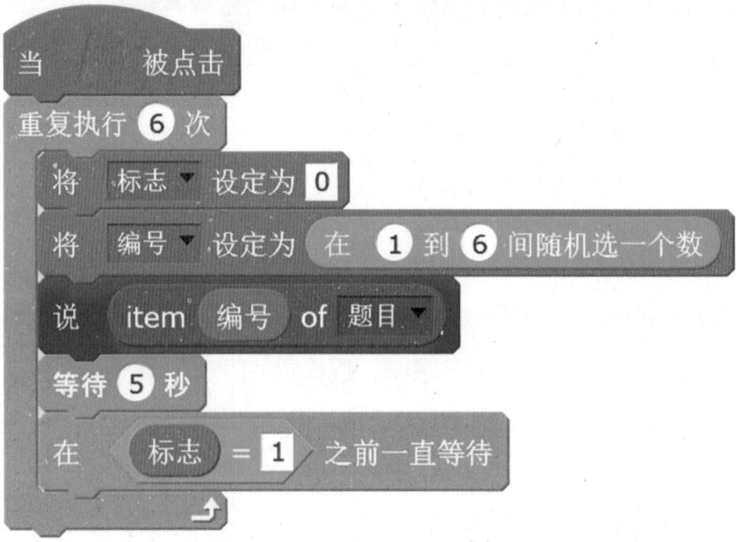

图 10.10

图 10.11

　　可是，为什么没有产生我们预想的效果呢？注意上面的"等待5秒"模块，如果将它放在这个位置，每次点击选项之后，说的内容还是会停留5秒，再运行下面连接的模块。

　　所以，我们拖出"广播消息"模块，建立新消息"计时"，让"计时"与下面的"等待"模块并行，这时候，再点击选项，标志就直接控制了说题目的时间，我们点击角色A，将标志设定为1的模块同样拖放到B、C、D角色中，保证点击任何一个选项后，题目都能被切换，最后我们让机器人每过五秒自动随机抽取下一个题目。在"等待5秒"下面连接将标志设定为1的模块（图10.12，图10.13）。这样，即使你不输入答案，题目在5秒之后也会自动切换啦。

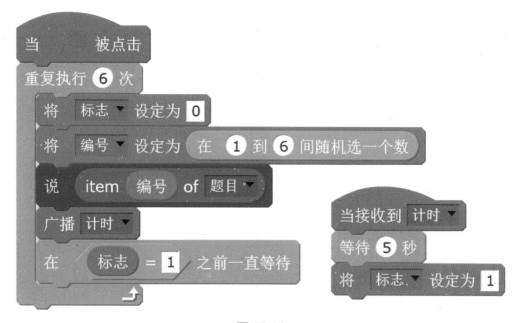

图 10.12

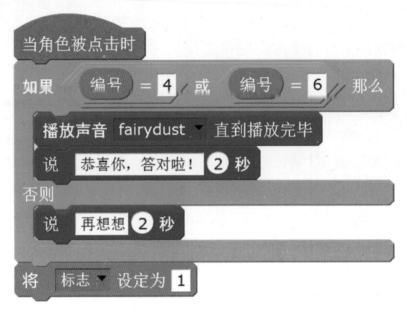

图 10.13

　　好厉害的机器人，可以代替老师提问并检查答案，这个机器人一定会受到很多老师的欢迎！你要不要也做一个呢？

随机分组软件

一、课程简介

学校最近要组织一场科学节，科学节上有许多丰富多彩的科技活动。消息才发出去两天，已经陆陆续续有好多学生报名。参加报名的同学要以小组的形式来参加科学节，用什么方式将他们分组呢？不如我们来制作一个随机分组的小程序吧。

二、知识点学习

链表的操作

既然要随机分组，我们要做的第一步工作就是把报名的同学记录在一个链表中。我们复习下链表的操作（图 11.1）。新建链表，命名为"成员名单"，在

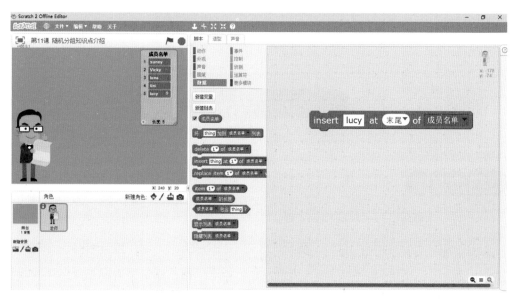

图 11.1

链表上点击"+"号,可以增加一行,输入报名同学的姓名,同样也可以用模块"插入到队尾"进行报名人员的输入。

　　找到"delete"模块,假设 Uni 缺席,看到 Uni 对应在链表里的顺序是 3 号。我们将项数参数填入 3,点击运行一下,Uni 就被我们从链表里面移除了(图 11.2)。

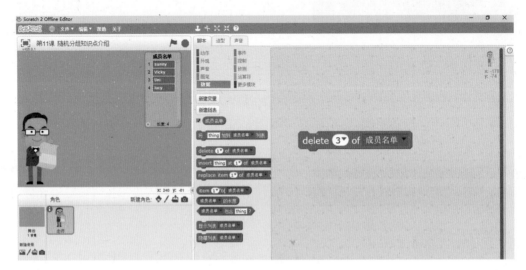

图 11.2

　　如果要统计一下报名的总人数,我们拖出"链表长度"模块(图 11.3),运行一下,链表里的项数立刻被统计了出来。

图 11.3

字符串连接

　　学习一个新知识——字符串连接。

　　点击运算符选项卡,拖出"连接两个字符"的模块,这个模块可以连接包括字母、数字以及符号等各种字符。我们输入字符"看,Uni 和 A 队成员在打羽毛球"(图 11.4),运行一遍,前后字符连接在了一起。

看，Uni和A队成员在打羽毛球

连接 看， Uni和A队成员在打羽毛球

图 11.4

当然，我们也可以将变量拖放到里面，如建立变量"分数"，在第一个输入框里面输入"目前 Uni 得分为："，将变量拖入到第二个输入框，再拖出一个连接模块，第二个输入框输入"分"，两个模块组合起来（图 11.5），再添加使变量不断变化的代码，运行一遍。Uni 的得分被随时报出，羽毛球比赛时，老师又多了一项播报分数的利器呢！

图 11.5

三、案例应用——随机分组

打开项目，建立链表"学生名册"用于储存学生姓名，输入已报名的 8 名学生姓名；建立"分组列表"用于展示随机分组的结果（图 11.6）。

图 11.6

假设每3人为一组，那么这8名学生可以分三组，其中一组为2人，另外两组各3人。首先我们编写从链表中随机出3人为一组的程序。

将链表的长度这个模块，拖入到随机模块中，参数选择学生名册，确定随机的范围（图11.7），运行几遍。现在，我们实现了随机出链表中某一项序号的功能。

在 1 到 学生名册▼ 的长度 间随机选一个数

图 11.7

如何把随机出来的序号与序号对应的内容联系起来，并储存到分组列表里面呢？

我们可以利用变量赋值的功能解决这个问题。新建变量"项目序号"，来记录每一次随机出来的序号（图11.8）。将项目序号设定为这个随机范围，运行两遍，随机出的数值便储存在了这个变量里面。

将 项目序号▼ 设定为 在 1 到 学生名册▼ 的长度 间随机选一个数

图 11.8

下面我们建立"随机学生姓名"的变量，拖出"学生名册的第多少项"模块，将项目序号拖入其中，将随机学生姓名设定为从学生名单中随机选出的某一项（图11.9），这样，"随机学生姓名"的变量里便储存了随机选出的学生姓名。运行两遍。

将 随机学生姓名▼ 设定为 item 项目序号 of 学生名册▼

图 11.9

拖出链表中的"插入"模块，我们将随机学生姓名变量，插入到分组列表的末尾（图11.10）。好，顺利导入了一个姓名！

insert 学生姓名 at 末尾▼ of 分组列表▼

图 11.10

给这段代码套上重复执行一定次数的模块，由于设定 3 人一组，所以次数填入 3（图 11.11），运行一遍，随机给出了三个姓名。

图 11.11

怎样在链表的一项内容里面储存这三个姓名呢？

继续利用变量，与链表的插入模块结合实现这一步。新建变量"学生姓名"，要使三个姓名连在一起，就需要用到连接字符的模块。我们拖出这个模块，将"学生姓名"和"随机学生姓名"的模块连接在一起，并将"学生姓名"设定为这个组合模块。将这部分代码拖入到插入模块之前，将插入的内容替换为"学生姓名"这个变量（图 11.12）。运行两遍。

图 11.12

为什么分组列表中每一项被储存的姓名之前会出现数字 0？而且第一组的人名又被分配到了第二组，这又是为什么呢？

我们先来看这部分代码，学生姓名的变量初始值默认为 0，然而我们需要将变量设为空，这样的话，程序第一次运行时，得到的结果就是空字符连接第一个随机选出的姓名了。记住初始值不能为 0，因为 0 也会被当作一个字符储存。其次第一组的人名被分配到第二组是因为，每一次运行的结果都会插入到分组列表。重复三次就会插入三次。我们拖出"delete"模块，参数选择"学生名册"，将项目序号拖入到这个模块中，并将此模块拖入到重复执行里面。最后将"插入"模块拖到"重复执行"的下面。这样，程序每运行一次，都会将学生名单里随机出的姓名删掉，重复三次之后，程序就将连接好的三个姓名一起储存到分组列表里面了！再运行一遍！我们运用"delete"模块将分组列表里的名单清除（图 11.13），现在就实现了三人为一组的效果啦！

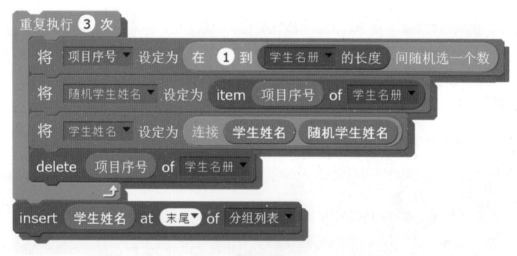

图 11.13

但名字之间需要一定间隔，我们可以再拖出一个连接模块，在两个储存姓名的变量间添加一些空格（图 11.14），这样就实现了我们预想的效果。

图 11.14

最后，我们来解决分组个数的问题。之前已经计算出八名学生三人一组可以分为三组，所以这段程序要重复三次。

当然啦！不要忘记在每一次分组之后给"随机学生姓名"和"学生姓名"两个变量初始化，并初始化为空，忘记初始化为空这一步，之前的随机选出的姓名自然还会储存到下一个分组里面。拖出设定这两个变量为空的模块，放在第一次分完组的下面（图11.15）。再运行一遍。这下软件终于实现了随机分组的功能。

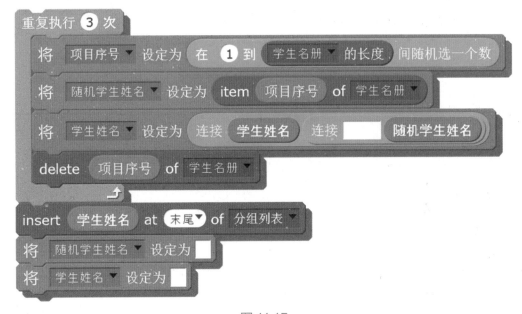

图 11.15

然而，在策划活动时，我们需要考虑到多种的情况分组：制作 Scratch 项目时三人一组，小组型运动两人一组……所以随机分组软件一定要具备询问分组情况的功能。

我们拖出侦测选项卡中的"询问并等待"模块，输入"几人一组？"，输入的答案便储存在了"回答模块"里面。总人数除以每组人数得到组数。我们拖出相应模块组合出这个运算的过程。并用这个运算公式，来控制分组组数，同时用"回答"模块，来控制实现几人为一组的程序（图11.16），大功告成！我们最后再运

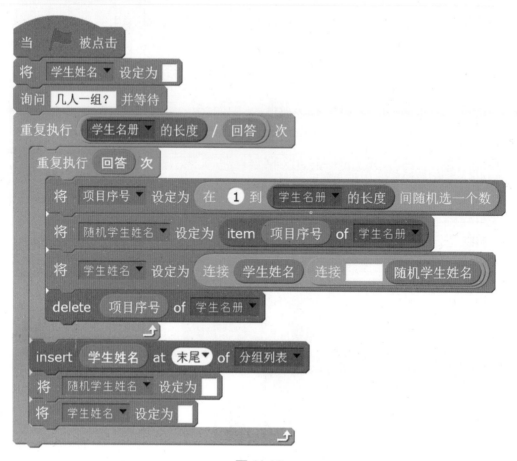

图 11.16

行一遍吧!

　　有了这个软件,以后各种分组都可以用它来搞定!

课堂气氛管理

一、课程简介

本节课我们想要展示数字艺术神奇绚丽的效果，为了让你进一步感受到数字艺术的魅力，我们决定根据课堂氛围的变化在舞台上展示不同效果的图形。课堂的氛围居然可以用图形展示出来，听起来是不是很神奇呢？

二、知识点学习

画笔

为了画出图形，首先来认识一下 Scratch 中的画笔工具。每一个角色都可以当作一支画笔，我们随意选择一个角色，点击"画笔"选项卡，拖出"落笔"和"抬笔"模块（图 12.1）。这两个模块，就相当于我们开始落笔画画和完成

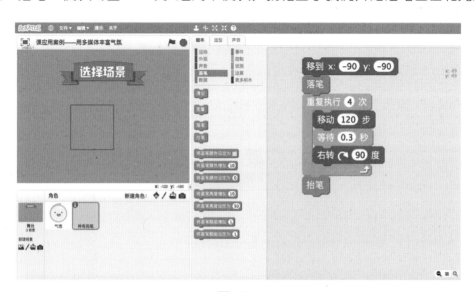

图 12.1

一幅画之后抬起笔的动作。我们写出一段让角色走出正方形的代码，拖放到落笔模块下面，运行一遍，角色移动时，舞台上留下了每次移动的轨迹，刚好是一个正方形。

"画笔"选项卡里面还提供了设定画笔的颜色、大小和色度等模块。拖放这些模块到落笔之前，并改变里面的数值（图 12.2），再运行两遍。通过改变数值可以随意改变画笔的状态。

图 12.2

画出的线条该怎样清除呢？拖出"清空"模块（图 12.3），放在落笔之前，这样，每次重新运行程序时，舞台上的痕迹都会先清空一次，就不会留下之前的印记了。

图 12.3

还等什么？发挥你的创造力画出第一个作品吧！

克隆

接下来我们再来学习一个功能强大的新模块——克隆。它可以将角色进行复制，而被复制出的角色称为克隆体（图 12.4）。

图 12.4

体会一下，选中一个角色，在这个模块上套上重复执行，克隆自己，运行一遍。克隆体在哪里？别着急，用鼠标拖动下，看看，是不是都出来了，所以，刚刚这些克隆体和本体重叠在一起了。拖出"当作为克隆体启动时"模块，克隆体需要执行的指令都要连接到这个模块下面。我们拖出"说"模块连接到下面，输入"气泡"（图 12.5），运行一遍！看，每个克隆体都说出了气泡两个字！本体却没有执行这条指令，所以，我们对克隆体做的任何改动和本体之间是没有任何关系的！要不要来克隆一些其他东西试试？

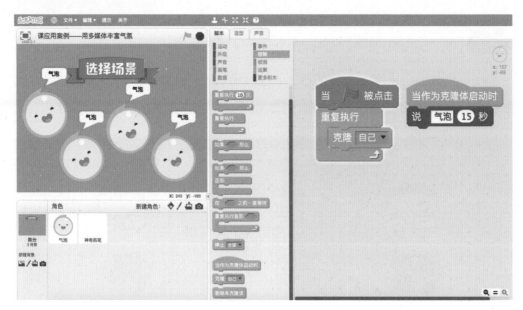

图 12.5

三、案例应用——用多媒体丰富气氛

图 12.6

打开项目，氛围管理装置设计了"安静"和"活跃"两个角色按钮，我们可以根据所需气氛切换到对应场景。选中"安静"按钮，拖出当角色被点击模块，连接"将背景切换为"模块，背景选择"安静"。运行一遍，切换到安静背景后需要将自己和"活跃"按钮隐藏（图12.6），我们用消息传递的方式完成这部分代码。同样，我们写出"活跃"按钮的代码，当点击时切换到活跃背景。同时不要忘记，点击小绿旗时让两个角色显示哦！来运行一遍吧。

配合上课时安静的氛围，管理器会怎样丰富气氛呢？

我们用画笔来绘制出放射式光影的效果来烘托这个氛围吧！选中"画笔"角

色。拖出"当背景切换为"模块，背景选择"安静"，通过坐标让画笔移到舞台中心。我们设定好画笔的颜色、色度和大小，之后添加"落笔"模块。接下来我们从这一坐标点用画笔画出放射性的线条。拖出克隆模块并与向左旋转一定角度的模块结合，套上重复执行，使落笔之后画的这一点被重复克隆，每克隆一次旋转一定角度。

要想使被克隆出的点转换化成直线，就要拖出"当作为克隆体启动时"模块，让克隆体重复执行"移动一定步数"的动作（图12.7），运行一遍！放射线做好了。

图12.7

将清空模块拖放到点击绿旗下面，记得每次运行程序之前先将舞台清空哦（图12.8）。

图12.8

在克隆体启动下的重复执行里面，拖入使画笔旋转角度的模块（图12.9），这样克隆体的移动轨迹便呈现出一条条曲线了。运行一遍看看！

图 12.9

再添加一个"将画笔颜色增加"的模块（图 12.10），并改变旋转的数值运行试试看？好神奇的线条，太不可思议了！我们再添加一个条件，如果碰到边缘，那么删除本克隆体。看看效果又有什么不同？

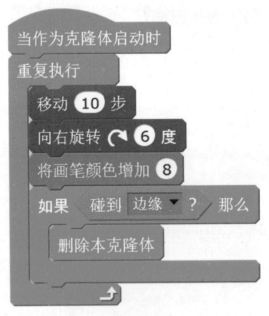

图 12.10

我们还可以在"克隆自己"的模块下放置一个画笔颜色增加的模块（图 12.11），让每个被克隆出的副本颜色都不一样。循环克隆，同时颜色也不断循环起来。再改变画笔的大小等参数试试呢？哇，效果变得完全不一样。将这个效果投影到教室，同学们的学习效率会不会更高呢？

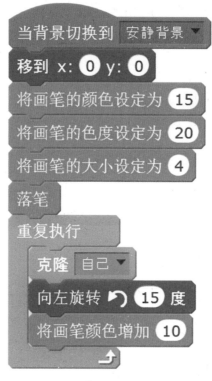

图 12.11

接下来我们来设计活跃的环境下配合的情景。活跃氛围，音乐应该算作是要素之一。选择"气泡"角色，将当背景切换到"活跃背景"的模块和"播放音乐"的模块结合起来（图 12.12），点击运行一下，音乐响起。

图 12.12

接下来我们制作出无数气泡随着音乐飞舞的效果。首先让本体隐藏，拖出克隆模块，套上重复执行，加入一个"等待几秒"模块，我们让气泡每隔任意几秒被克隆。当作为克隆体启动时，将其显示，初始位置定位在舞台的中下方，拖出相应模块。克隆出的气泡要面向任意方向飞舞，所以我们拖出"面向一定方向"

模块，与随机模块相结合，填入随机范围。现在，让气泡飞舞起来吧！拖出移动一定步数的模块套上重复执行（图 12.13），运行一遍看看？

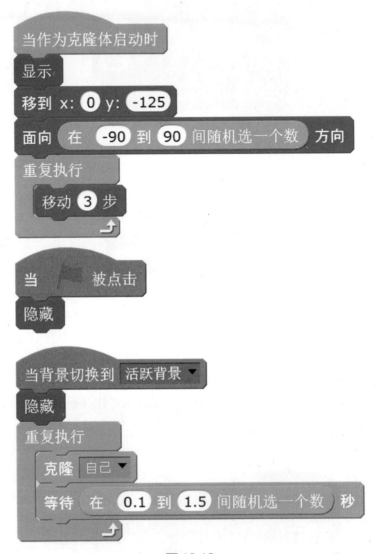

图 12.13

同样，再添加条件，使气泡如果碰到边缘就隐藏。为了让克隆出的气泡变得绚丽多彩，在重复执行里面嵌入改变角色大小和颜色的模块，不要忘记先设定一下大小和颜色的初始值哦。最后将老师和学生的图像显示在舞台上，让他们出现在活跃背景里，将位置和初始状态进行设定，添加切换造型的代码，制作出两者交流的动画。装置设计完整（图 12.14），我们来整体运行一遍吧！

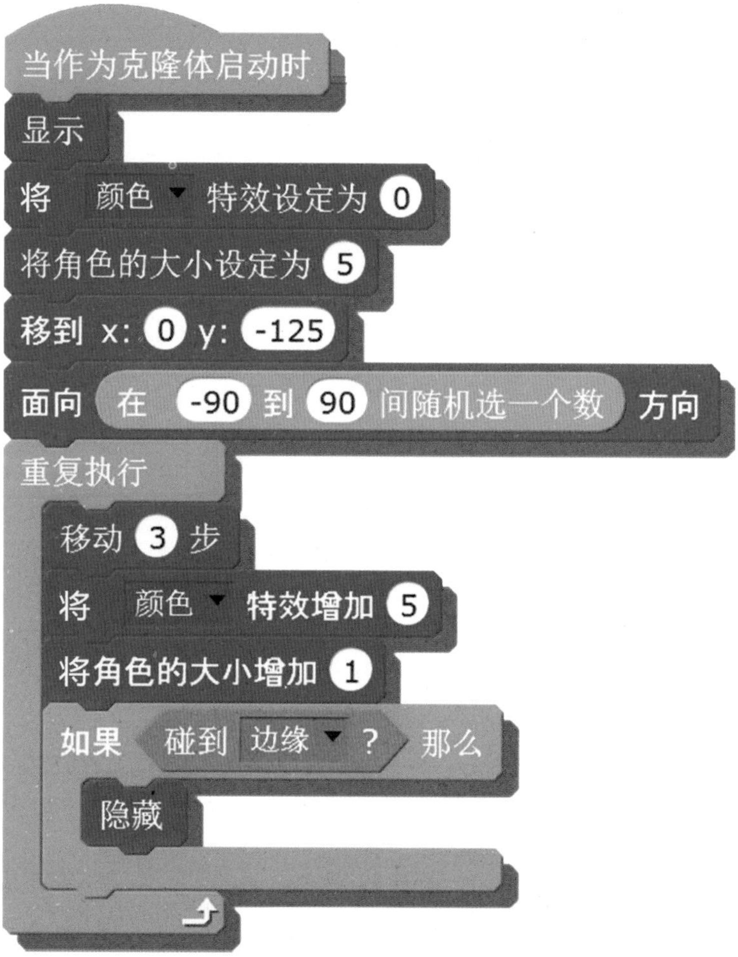

当作为克隆体启动时

显示

将 颜色 ▾ 特效设定为 0

将角色的大小设定为 5

移到 x: 0 y: -125

面向 在 -90 到 90 间随机选一个数 方向

重复执行

移动 3 步

将 颜色 ▾ 特效增加 5

将角色的大小增加 1

如果 碰到 边缘 ▾ ? 那么

隐藏

图 12.14

心·情交换机

一、课程简介

这两天某同学似乎闷闷不乐，但是他又不想跟大家说为什么。这大概就是成长的烦恼吧，很多同学并不善于表达。不如设计一个匿名分享心情的机器，大家可以无压力地将心情分享给其他人，同学们输入心情后，会被一片虚拟的画布遮挡住，只有知道密码的人才可以打开画布哦！

二、知识点学习

循环直到

根据之前学过的循环知识，要测试用户是否知道密码，我们可以用循环一定次数的模块来设定他能够回答的机会。如果程序给了三次机会，密码还是输入错误，程序就不会再给用户机会来回答这个问题了。但如果我们想让程序在用户回答密码正确之前，一直询问密码，直到回答正确才能执行下一步指令，该怎么做呢？

打开控制选项卡，找到"重复执行直到"模块（图13.1），利用这个模块就可以实现我们所说的效果啦！我们先来学习一下它的功能，在这个六边形的框框内填入一个条件，程序会持续检查条件是否为真，如果为假，则一直运行结构里面的模块，直到条件为真，才会跳出里面的循环，执行模块下面连接的指令。

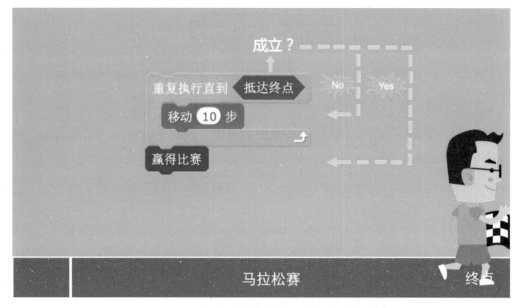

图 13.1

　　所以我们利用这个模块将刚刚的程序改进，将输入正确密码时所需的条件拖入到六边形区域，循环结构里放置我们需要一直询问的问题和条件不成立时的结果，最后将条件成立后的结果，拖放到循环结构外部连接（图 13.2）。运行一遍试试看吧！如果输入的回答错误，程序会一直询问"密码是什么？"这个问题，直到我们输入了正确的密码，才跳出这个询问的循环。

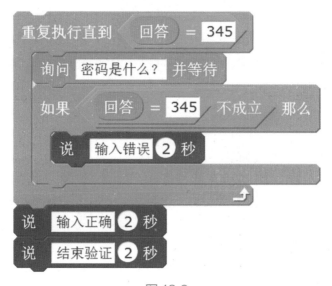

图 13.2

三、案例应用——心情交换机

现在，结合我们刚刚学到的新的循环知识，来设计这个心情交换机吧!

打开项目，选中茶杯角色，建立链表"我的心情"，学生可以把心情储存到链表里面（图 13.3）。为了使这个装置更加智能，我们来给它设计交互功能，拖出"询问并等待"模块，启动程序时让它询问"你现在的心情是?"将回答模块拖入到"往链表中添加新内容"的模块中，你添加的心情便储存到了链表里，运行一遍。

图 13.3

每位学生都有自己的小秘密，现在我们给这个机器设计加密功能，心情被储存之后，让茶杯角色广播消息"秘密"（图 13.4），加密方块接收到消息后，我们让它用"克隆自己"，使克隆出来的克隆体形成画布覆盖住心情链表。首先，我们将方块坐标初始到链表左上角的位置将其显示，添加移至最上层模块，使其出现在链表之上。现在，我们让克隆出来的方块依次横向连接，覆盖住链表的第一行。

图 13.4

　　我们找到控制选项卡下的"克隆"模块，并拖出 x 坐标增加的模块，要使加密方块一个挨着一个，我们需要先计算出两个方块中心点之间的距离，得到 x 坐标增加的幅度（图 13.5）。套上重复执行运行一遍。看，链表被覆盖住了一行。

　　我们在外观选项卡中拖出使颜色特效增加的模块，放在"克隆自己"下面，运行一遍，克隆出来的方块变得五颜六色了！

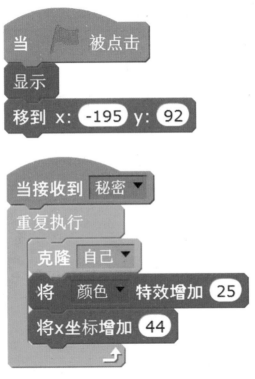

图 13.5

　　现在我们让加密方块转到第二行。拖出"如果……那么……"模块（剪掉），添加条件，使方块的 x 坐标大于 220 的时候转到第二行。由于要使转到第二行的方块与第一行的紧密连接，所以条件满足之后的结构里加入"将方块移到 x 坐标与初始坐标相同，y 坐标减少方块宽度"的指令（图 13.6）。我们再运行一遍吧！加密方块一行接一行地覆盖了整个链表。

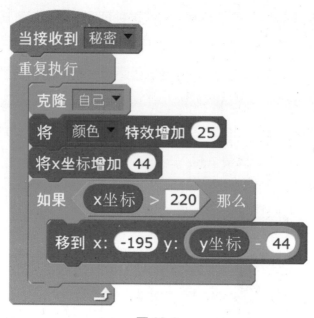

图 13.6

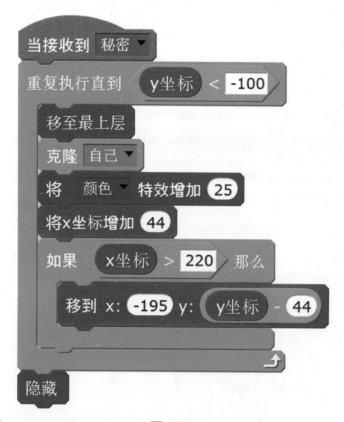

图 13.7

但是在"重复执行"的模块下，方块会不断克隆，所以现在用"循环直到"模块来改进程序。拖出这个模块，用它替换掉"重复执行"。我们使克隆出来的方块 y 坐标靠近心情分享框后就停止克隆，加入这个条件运行一遍。加密方块覆盖完整个链表就停止了克隆实现了我们的加密功能。最后将本体隐藏掉（图13.17），画布就变得完整啦。

加密之后当然要有相

86

应方法看到链表里的内容。这时"橡皮擦"角色就派上用场了。功能不言而喻，用它擦掉被克隆出来的方块！

选中这个角色，将其位置初始化。拖出角色被点击模块，我们要让橡皮处于画布之上，所以连接一个"移至最上层"模块。之后将"移到鼠标指针"和"重复执行"模块组合在一起连接到下面，让橡皮被点击后跟随鼠标移动。运行一遍。

现在，切换到加密方块角色，写出克隆体碰到橡皮就被删掉的代码。

拖出"当作为克隆体启动时"模块，添加条件"如果碰到橡皮，那么删除本克隆体"（图13.8）。我们整体运行一遍！开启程序，输入心情之后链表被画布遮住，满足你好奇心的时刻到了。点击橡皮擦划过画布，画布被擦除，链表里的心情就显示出来了。

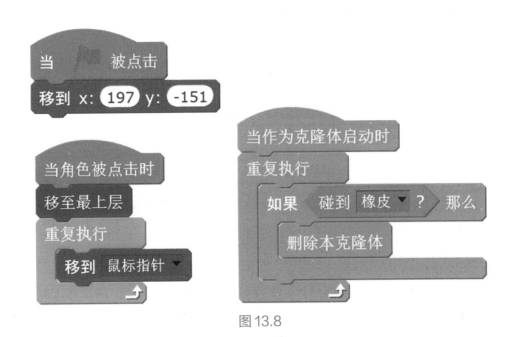

图13.8

但是，秘密心情当然只想分享给自己信赖的人，所以我们给装置来设置一个密码。让只有知道密码的人才可以打开画布。切换到"橡皮"角色，拖出"询问并等待"模块，输入框输入"请说出密码"，再拖出"循环直到"模块，加入条件，只有回答的内容等于我们设定好的密码，才能执行橡皮追随鼠标

的指令，否则重复执行询问密码并提示"密码错误，请重新输入"的指令（图 13.9）。现在程序已经完善啦！

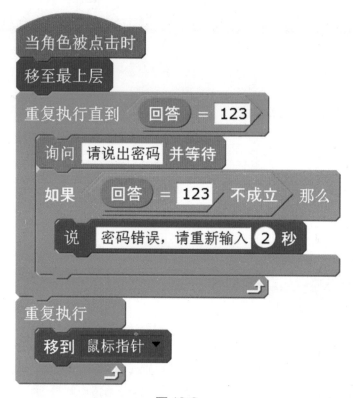

图 13.9

喔，这个心情交换机简直棒极了。你今天的心情怎么样？要和谁分享呢？快快记录下来吧！

奖励管理

一、课程简介

为了表彰在 Scratch 课堂上表现最好的小组，老师决定设置一个最佳小组奖，学期结束后受到表彰最多的小组获得这个奖项。这就需要每节课下课后在表彰板上对优秀小组进行记录。所以他决定做一个小程序来实现这个功能，生动地记录下这个过程。

二、知识点学习

克隆体的执行过程

我们来计算下，假如下学期一共要有 50 节的 Scratch 活动课，那么表彰板上要有 50 节课的信息。

首先我们要做的就是把这 50 节课的课程图标放在表彰板上。如果一个一个地复制放上去，不仅费时费力，而且还对不整齐，这时，就可以用原来学过的"克隆"来帮助我们快速地实现这个过程啦。

想一想

有些同学在使用克隆时总是想不明白。如果我们克隆两个一模一样的物品，克隆体和本体之间有什么区别呢？

克隆体的执行过程是这样的：当本体执行克隆命令后，它的一个新的副本就产生了，上节课我们分析过，克隆体会继承本体的所有属性，*xy* 坐标、大小、

颜色和形状。这个时候我们对克隆体做的任何改动都要放在"当作为克隆体启动时"这个模块下（图14.1），对克隆体做的任何改动都和本体就没有任何关系啦。改变下克隆体的位置和大小。看，是不是和本体有区别了。

图 14.1

克隆体中的变量——公共变量和私有变量

如果我们加一点难度呢？我们希望克隆体不仅有 *xy* 坐标、大小、造型等这些原始属性的不同，还让它们的变量值（重读）也和本体的变量值之间有所差别。这如何办到呢？

有同学会说，这还不容易，克隆几个副本，就建立几个变量。每个克隆体用不同的变量不就可以吗？没错，可是如果我们克隆的副本非常多呢，有几百个之多，难道我们要建立几百个变量吗？

不知道你有没有仔细观察我们建立变量的过程？在打开新建变量窗口的时候，它会提示我们是建立适用于所有角色的，还是适用于当前角色的变量（图14.2a）。这两个选项有什么区别呢？

适用于所有角色的变量里的值，可以被程序里任何角色去读取、改变，又称作"公共变量"。仅适用于当前角色的变量代表这个变量里的值只能由这个角色读取改变，其他角色是看不到它的，又称为"私有变量"（图 14.2b）。所以，如果给本体建立一个私有变量的话，各克隆体中的变量名虽然一样，里面存储的值却可以不一样。

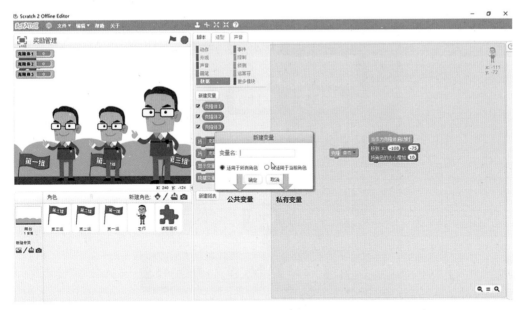

图 14.2a

图 14.2b

三、案例应用——奖励管理

接下来结合我们今天学的知识，完成奖励管理的程序吧！

打开项目，我们用 50 个课程图标代表 50 节课。首先将方块排列整齐。还记得上节课怎样用加密方块覆盖心情分享板的吗？道理是一样的。选中"课程图标"角色将它初始化，计算出图标的长和宽，结合"克隆"和"坐标"等模块，写出将克隆出的 50 个图标贴在表彰板这部分代码。每行紧密排列 10 个，排列 5 行（图 14.3），运行一遍，课程图标瞬间被排列好了。

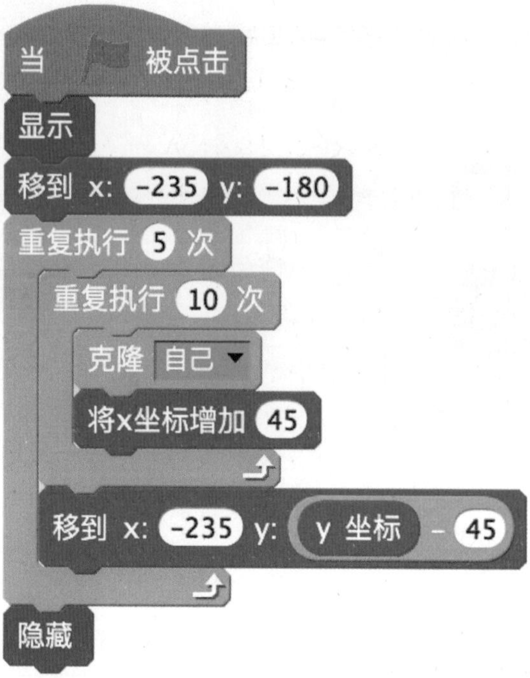

当 ▐ 被点击

显示

移到 x: -235 y: -180

重复执行 5 次

重复执行 10 次

克隆 自己 ▾

将x坐标增加 45

移到 x: -235 y: y 坐标 - 45

隐藏

图 14.3

学生被分成了三组，分别用三种颜色代表组别，我们可以将三个小组的颜色进行设定（图 14.4），每节课课后，让颜色同步到表彰板的图标上。选中第一组角色，拖出设定颜色特效的模块，将第一组颜色设定为 20，将第二组颜色设定为 75，第三组设定为 120，运行一遍。假设第一节课第一组获得了奖励，就让它的颜色同步到第一个的图标上。这个效果该怎样实现呢？我们通过变量赋值的功能来实现这个效果。

当 ▐ 被点击

将 颜色 ▾ 特效设定为 20

当 ▐ 被点击

将 颜色 ▾ 特效设定为 75

当 ▐ 被点击

将 颜色 ▾ 特效设定为 120

图 14.4

选中"第一组"角色，建立变量"储存颜色"。拖出"当角色被点击时"模块，我们使角色被点击时，变量值设定为已设定好的第一组的颜色（图14.5）。选中"课程图标"角色，同样拖出"当角色被点击"，要想使角色被点击时，将第一组的颜色同步上去，我们需要将它的颜色特效设定为"储存颜色"（图14.6），这样，变量里面的值便及时赋给了颜色特效的模块，运行试试看。第一组的颜色值顺利同步到了图标上。为了突出点击效果，在角色被点击时，我们添加一些特效。给第一组角色添加大小变化的特效、课程图标角色添加超广角特效。最后将第一组中角色被点击这段代码复制到第二、三组角色中，变量设定的参数进行相应修改！再运行一遍。第二节课将给予第二组奖励，第三节课将给予第三组奖励……简直太棒了！

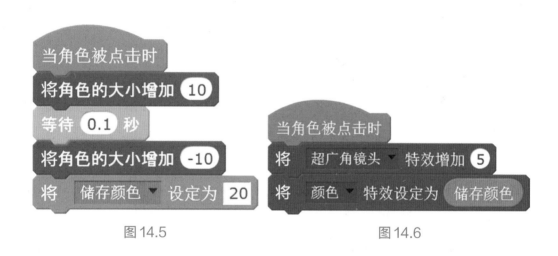

图14.5   图14.6

如果你重新打开程序的时候，之前的奖励数据丢失了！这该怎么办？我们的装置还并没有具备自动永久储存每一次奖励的功能。

要想让克隆出的各"课程图标"保存每一次被同步的颜色，我们可以先对克隆体进行编号，并将它们的颜色进行设定。让程序记住这些编号之后，再用"储存颜色"变量中临时被储存的颜色值，来代替已设定好的颜色值。

首先，我们对克隆体进行编号。新建变量"编号"，注意哦，这里建立变量时要选择"仅适用于当前角色"的私有变量，保证每个克隆体都有自己的编号。点击克隆体的时候，每次只替换相应编号里的值。我们初始化编号，将其设定为

0 拖到绿旗下面，将"将编号增加 1"的模块拖放到克隆自己的模块下，这样每个克隆体便得到了自己的编号（图 14.7）。

当 被点击

将 颜色 ▾ 特效设定为 0

显示

移到 x: -235 y: -180

将 编号 ▾ 设定为 0

重复执行 5 次

    重复执行 10 次

        克隆 自己 ▾

        将 编号 ▾ 设定为 1

        将x坐标增加 45

    移到 x: -235 y: y 坐标 - 45

隐藏

图 14.7

现在我们将克隆体的原始颜色进行设定并保存。建立链表命名为"储存颜色值"，由于有 50 个克隆体，所以需要设定 50 个颜色值储存在链表中。然而我们最终要实现的效果，是将链表中最初储存的 50 项内容，替换成点击克隆体之后得到的最新颜色数据，所以链表中最初数据是什么并不重要。为了快速储存这些数据，我们可以用另一个变量来实现数据的输入。新建变量"初始颜色值"，我们利用它写出在链表中存入 50 个数值的代码（图 14.8）。

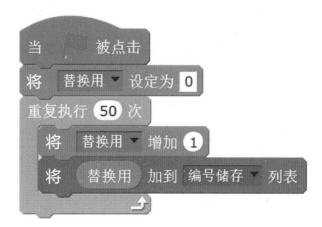

图 14.8

现在，拖出"当作为克隆体启动时"模块，将编号变量，拖放到"编号链表的多少项"模块中。拖放"颜色设定"模块，颜色设定为刚刚组合的模块，连接到下面（图 14.9）。这时运行程序，你会发现 50 个克隆体的颜色呈现了渐变的效果。

图 14.9

所以为了让链表中这些仅占用的数值不影响克隆体的颜色。我们清空链表，使其存入的最初数据为一系列小数，就解决了色差的问题（图 14.10）。

图 14.10

现在，50 个克隆体都有了自己的编号，并且颜色已被设定好。我们可以写出替换链表中最初颜色值的代码啦！拖出链表中"替换某项内容"的模块，把"编号"变量拖放到"项"后面的数字框中，再把"储存颜色"变量拖放到后面的输入框。为了防止下次运行时链表中的数据被变量刷新，我们删掉链表中储存数据这部分代码（图 14.11）。运行一遍！点击每组之后得到的最新颜色值，就替换了链表中之前存好的颜色值。而且即使重新打开程序也能看到之前存入的数据哦！

图 14.11

可是第一个课程图标被替换后的颜色为什么没有被保存？这是因为"将编号增加 1"的模块放到了克隆自己模块下面，所以第一个课程图标编号为 0，当作为克隆体启动时，颜色设定为链表的第 0 项，自然不会保存到链表中（图 14.12）。我们调换下位置再运行一遍！这时程序已经完善！我们随意在表彰板上记录两个优秀小组试试看？

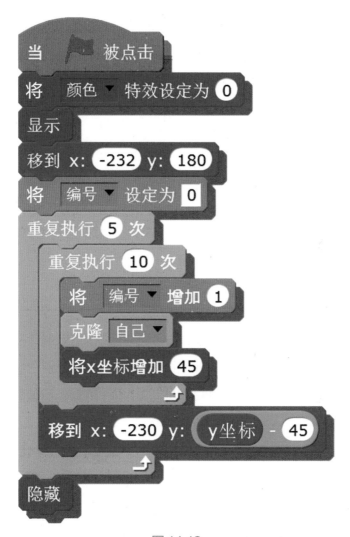

图 14.12

各小组加油！希望学期结束后，大家都会取得最大的收获。

结业复习——编码解谜大作战

一、课程简介

今天是我们的最后一节课了，之前的课程你掌握得怎么样呢？

你知道计算机中的文字和图像是如何保存起来的吗？这节课要给大家讲解其中的原理，并在 Scratch 中设计一款解谜游戏来加深理解这个概念。我们先来了解下计算机是如何存储数据的。

先学习一下计算机是如何对图像进行编码的。以这张最简单的黑白两色图像为例（图 15.1），它的每一行都是黑白方块间隔形成，如果把计算机的屏幕看成一个一个的小格子，我们要做的就是把这些小格子的颜色和数量写下来，就形成了图像的编码，我们一起来熟悉一遍得到编码的规则。

1. 如果一行的开头是黑色方块，先写一个 0，再写出连续黑色方块数量。

2. 如果是白色方块，则直接写出连续白色方块的数量。

根据规则，我们来写出这张图像每行的编码。统计好编码后，计算机便会把这些数字记录下来。这样，一张图像就换成了一种简单的方式保存在计算机里了。你学会了吗？

图 15.1

二、知识点学习

带参数的自定义模块

"自定义"模块你肯定使用过,它可以让我们的程序看起来更清晰简洁,然而它的功能可不止这一项哦!点击更多模块,选择新建功能块,输入自定义积木块的名称,例如,自定义一个"计算同学A总成绩"模块(图15.2),单击确定,积木区出现了这个模块,同时脚本区出现了定义这个模块的指令。自定义模块的用途是可以将多个不同功能的模块组合封装起来。比如我们要计算同学 A 语数外的总成绩,可以拖出"说"模块,里面放置运算公式,输入这三门成绩。运行一遍。这时,我们就用它定义了计算总成绩的运算方法。将这个自定义模块拖放到小绿旗被点击下面,运行时,就调用了这个模块所包含的功能。

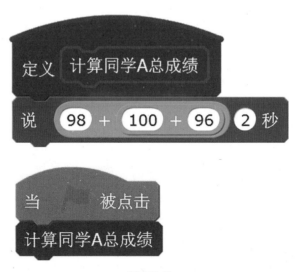

图 15.2

但是,班里有十几个学生,要计算每个学生的总成绩,就需要调用十几个自定义模块,这并没有起到简化代码的效果。所以我们需要"定义带参数"的模块来解决这个问题。切换到更多模块的选项卡,右击自定义的这个模块,点击编辑,出现了一个"编辑功能块"的对话框,首先将模块名改为"计算总成绩",接下来我们展开"选项"按钮,由于我们要对三门成绩进行运算,所以添加三

个数字（重读）参数，命名为"语文成绩""数学成绩""英语成绩"，点击确定（图 15.3）。我们将三个自定义参数拖放到下面连接的运算公式中，这时我们只需将每位学生的三门成绩输入到定义好的这个模块里面，这些数据就会传递到自定义的模块下面（图 15.4）。运行一遍吧！不管输入多少学生的成绩，一行（重读）代码就搞定！再输入两位同学的成绩试试？

图 15.3

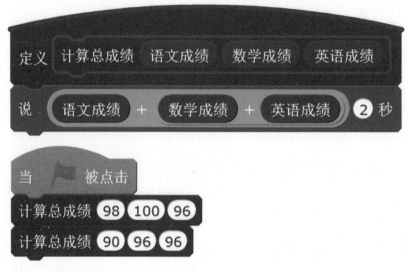

图 15.4

三、案例应用——编码解谜大作战

下面我们结合刚刚所学的知识，来设计这个编码解谜游戏！

我们已经知道了怎样将图像转换为编码，接下来考验同学们的时刻到了，这里有9份编码（图15.5），我们需要做的是在5×5的方格纸上，将9份编码还原成符号图，符号图中隐藏着解开谜题的密钥。探索出密钥之后，将正确的密钥全部输入到解谜项目中，就能打开宝藏。现在，你得出全部密钥了吗？请牢记它们哦。

1	14	311	131
	41	221	0131
	221	11111	311
	41	05	212
	14	311	14

2	131	131	311
	0131	0131	221
	131	311	11111
	41	212	05
	131	14	311

3	131	131	131
	014	014	0131
	041	041	131
	41	0131	0131
	041	131	131

4	212	311	05
	122	221	41
	212	11111	311
	212	05	212
	212	311	212

5	131	131	131
	0131	014	0131
	311	041	131
	212	0131	0131
	14	131	131

6	131	131	131
	0131	014	014
	0131	041	041
	0131	0131	41
	131	131	041

7	311	131	131
	221	014	0131
	11111	041	131
	05	0131	41
	311	131	131

8	131	14	131
	0131	41	0131
	311	221	0131
	212	41	0131
	14	14	131

9	131	131	131
	0131	0131	0131
	131	311	131
	0131	212	41
	131	14	131

图 15.5

现在我们开始设计这个解谜游戏。舞台右侧放置了一系列数字键，首先我们用它们来设计一个密钥输入器。给大家一个小提示，每串密钥由三个数字组成，所以输入器一次只能储存三个数字。

我们给这些数字角色添加代码，使角色每一次被点击之后，所对应的数值被记录。

以"数字0"角色为例，建立变量"密码"，让它储存我们每次键入的密码。将密码变量设为空，保证最初变量里面没有任何数值。由于输入器每次能够储存三个数值，所以我们运用"连接字符串"模块，将"密码"设定为连接这个变量

和数字 0 的组合模块，这样每次运行这个指令，变量里的值就会多一个 0。添加条件，变量中所包含的字符长度小于 3，才能让其存储的数字增加。再来运行一遍吧！输入器实现了储存 3 个数字的功能（图 15.6）。

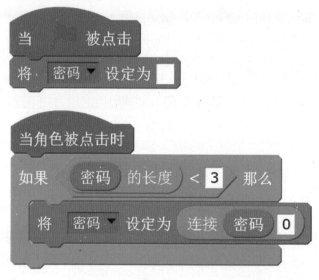

图 15.6

现在我们需要给其他 9 个数字角色都添加相同的代码，并改变变量后面连接的参数，实现任意点击哪个角色，这个角色对应的数值就会被记录的效果。由于角色中所需的代码相同，仅是参数不同，所以我们利用消息传递和刚刚介绍的自定义模块，将这些代码进行整理。

拖出广播消息模块，连接到角色被点击模块下，让角色被点击时，广播消息 0（图 15.7）。同样将这部分代码复制到其他 9 个角色中，分别广播出角色对应的数字。我们让"提交（重读）"角色接收各消息。由于接收各消息模块下所需添加的代码相同，仅变量连接的数值不同，所以我们建立一个带数字参数的自定义模块，将这部分相同的代码进行定义，定义好之后拖放到各接收消息的模块下，设定各自的参数值（图 15.8）。来运行一遍吧！密码输入的功能完成！

图 15.7

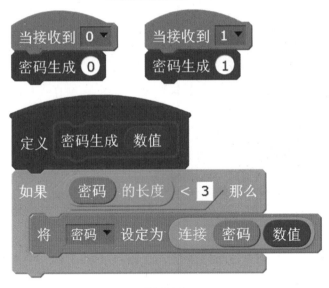

图15.8

现在，为了使所选密码更美观的展示在舞台。我们让角色列表里的3个"效果展示键"角色显示。

打开"造型"选项卡，会发现这3个效果展示键角色中，各自包含了密码输入器中的所有数字造型。因此我们可以让变量所储存的数值以3个造型（重读）的形式展现出来。选中1号展示键，让它展示第一个被键入的密码值。首先将造型切换为空造型。添加条件，如果密码变量里第一个字符为空的话，那么同样将造型也切换为空，相反，如果第一个字符为任何一个数值，那么就将这个数值与对应的造型相结合。我们写出这部分代码，并将这段代码分别复制到2、3号效果展示键里面，参数进行相应的修改（图15.9）。再点击数字运行一遍看看！

还记得你从符号图中探索出的9串密钥吗？接下来我们要验证你是否能顺利闯关啦！

建立一个链表，命名为"密钥"。我们已经将正确的9串密钥储存在里面了！假设你探索出的第一串密钥是正确的，输入之后，舞台上九宫宝藏的第一宫格就会被打开。我们来写出这部分代码。选中提交（重读）角色。现在我们需要将这密钥输入器中输入的密码与密钥链表里的第一串密码对比，如果相等，点击提交按钮后，这个宫格将被破解，翻转到图纸的第一个图案，如果密码被验证是错误的，没办法，只有继续去探索啦！（图15.10）

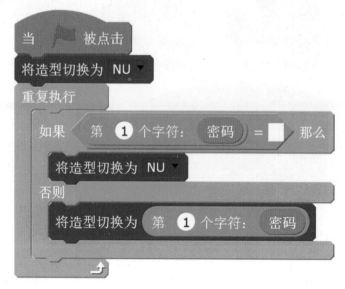

图 15.9

图 15.10

我们拖出"如果那么否则"模块，填入相应条件。如果链表中第一串密码等于密码变量中临时储存的密码，广播消息"翻转"，第一个宫格接收到消息之后切换造型，我们先将造型初始化（图 15.11，图 15.12）。运行一遍。得到了第一个图案。

图 15.11   图 15.12

但现在问题来了，判断链表的第二串、第三串密码的正确与否该怎么办？而且怎样让第一串密码输入正确之后才能进入到第二串密码的判断呢？综合这两个疑问，我们建立变量"编号"，将其初始值设定为 1，用它替换密码链表的具体项数，选中第一宫格角色，添加判断，如果编号等于 1，执行图案翻转的指令。输入这串正确的密码（图 15.13），点击提交，运行一遍。

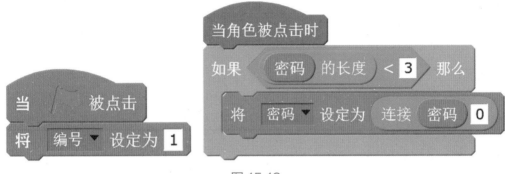

图 15.13

接下来判断第二串密码。添加广播消息模块，让宫格 1 角色广播"通过"，提交按钮接收到消息后，将密码变量清空，编号增加 1（图 15.14）。这时，再次输入密码，点击提交，判断的就是第二串密钥的正确与否了。当然我们要先给第二个图案添加翻转的功能。将第一宫格的代码复制到第二宫格，参数进行相应修改（图 15.15）。再运行一遍吧！现在我们在每个宫格中都添加代码，基本功能已经完善！

图 15.14   图 15.15

等等，先不要着急验证你的全部密钥，如果密码输入错误怎么办？我们马上着手解决这个问题。首先让"删除"角色显示在舞台，接下来我们思考一下，怎样实现"每点击一次删除按钮，密码展示键上的数值呈现被从后往前删掉一个"的效果呢？

假设密码变量里已经储存了两个值，那么删掉后面的一个值之后，变量里就保留了第一次键入的数值。假设储存了三个值，那么被删掉一个之后变量里还保留了第一次和第二次键入的数值。所以以这个思路，来写出删掉效果的代码。建立变量"临时密码"，首先将临时密码设定为空，利用它储存删掉一个数值后还被保留的值。再建立变量"索引"，将它的初始值设定为1，利用它，获取密码中的字符。我们在密码变量里面任意输入三个数值，现在来写出代码，展现出被删掉一个数值的效果。首先，我们让临时密码获得"密码"中的第一个字符。在"第几个字符"的参数框内拖入索引模块，字符框内拖入密码模块。将临时密码设定为这个组合起来的模块，这样，临时密码变量便获得了密码中的第一个数值，可以理解为我们将密码中后面的数值删掉了，仅保留了第一次键入的数值。让"索引"增加1，外面套上重复执行两次的模块，再将临时密码与获得字符的模块连接起来，运行一遍，我们便得到了两个字符，最后将密码设定为临时密码就完美展示了删掉一个数值的效果（图15.16）。

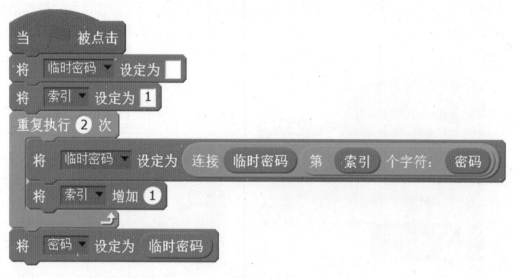

图15.16

那么，怎样实现每点击一次删除键，密码变量里面的数值就减 1 的效果呢？我们可以将具体重复的次数改为带变量的公式——"密码的长度减 1"，每次点击删除之后，得到的就是要保留的字符数了。现在我们就可以任意删除密码了（图 15.17）。

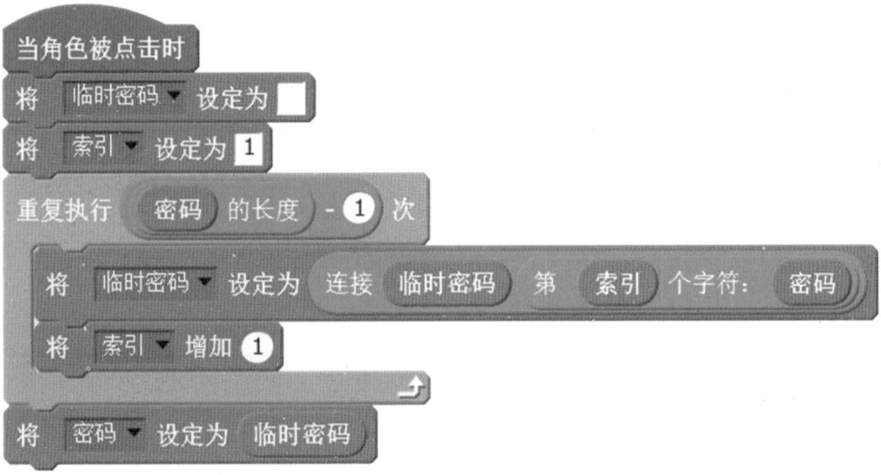

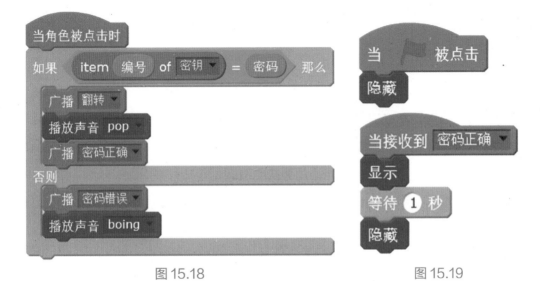

图 15.17

我们添加一些使游戏更丰富的效果吧！选中"提交"角色，当密码输入正确时，广播"密码正确"的消息，否则广播"密码错误"的消息（图 15.18）。选中"正确提示"角色，初始状态为隐藏，让这个角色接收消息后显示并停留几秒。同样，将此角色里面的代码复制到"密码错误"的角色中（图 15.19）。

图 15.18

图 15.19

当整体地图被破解之后，我们添加一个胜利的特效。在"当接收到通过"的模块下添加条件，如果编号等于 10，广播消息"胜利"（图 15.20），老师接收到消息后，庆贺一下吧！点击"老师"角色，切换到"造型"选项卡，里面放置了老师撒花的 3 个造型，我们制作一个老师撒花的动画，再添加胜利的音效，相当完美！来整体运行一遍！（图 15.21）

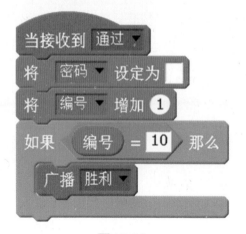

图15.20

图 15.21

不，先等等，刚刚链表中你所输入的密钥正确吗？现在我们来验证一下吧！

今天是本期课程的最后一节课啦。在这段时间中，用 Scratch 学习的知识，你都掌握了吗？在学习过程中你还有哪些新发现呢？

期待你能够运用 Scratch 知识，为生活带来更多的便捷和乐趣！